郯城地震历史资料研究

孟书和　李学勤　唐　豹　主编

地震出版社

图书在版编目（CIP）数据

郯城地震历史资料研究 / 孟书和，李学勤，唐豹主编. -- 北京：
地震出版社，2018.12

ISBN 978-7-5028-4862-0

Ⅰ. ①郯…　Ⅱ. ①孟…②李…③唐…　Ⅲ. ①地震—史料—
郯城县　Ⅳ. ① P316.252.4

中国版本图书馆 CIP 数据核字 (2017) 第 147686 号

地震版　　XM 4223

郯城地震历史资料研究

孟书和　李学勤　唐　豹　主编

责任编辑：樊　钰

责任校对：刘　丽

出版发行：地震出版社

北京市海淀区民族大学南路 9 号　　　　邮编：100081

发行部：68423031　68467993　　　传真：88421706

门市部：68467991　　　　　　　　　传真：68467991

总编室：68462709　68423029　　　　传真：68455221

http://seismologicalpress.com

经销：全国各地新华书店

印刷：北京地大彩印有限公司

版（印）次：2018 年 12 月第一版　　2018 年 12 月第一次印刷

开本：889×1194　1/16

字数：170 千字

印张：9

书号：ISBN 978-7-5028-4862-0/P (5563)

定价：68.00 元

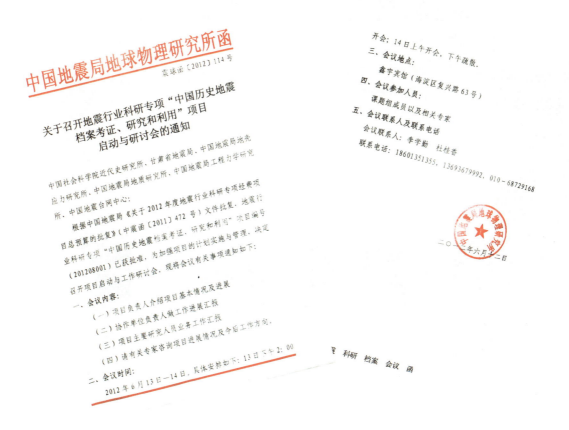

中国地震局地球物理研究所《关于召开地震行业科研专项"中国历史地震档案考证、研究和利用"项目启动与研讨会的通知》

2012年6月13日，"中国历史地震档案考证、研究和利用"项目启动与研讨会在中国地震局应急指挥中心召开

（孟飞 摄）

中国地震局办公室主任唐豹（左 2）、中国地震局地球物理研究所副所长高孟潭（左 1）、中国地震局研究员陈鑫连（右 2）等参加项目启动与研讨会并发言　　　　　　　　　　　　　　　　（孟飞　摄）

2012 年 12 月 9 日，"中国历史地震档案考证研究和利用"项目实施组在北京研究项目实施的具体事项

2013 年 6 月，"中国历史地震档案考证研究和利用"项目组在山东文登召开工作研讨会，研究分析《中国地震历史资料卡片》的分类，安排后续工作

2013 年 10 月 25 日，中国地震学会历史地震专业委员会、地震预报专业委员会在贵阳联合举办"历史地震及地震预报论坛"，"中国历史地震档案考证研究和利用"项目实施组有关人员参加会议

（照片来源：贵州省地震局网站）

中国地震局地球物理研究所副所长、中国地震学会历史地震专业委员会主任高孟潭研究员在历史地震及地震预报论坛上介绍"中国历史地震档案考证研究和利用"项目实施情况

（照片来源：贵州省地震局网站）

中国地震局地球物理研究所档案室主任、副研究馆员李学勤在论坛上作项目中期进展情况报告

（刘珠妹　摄）

河北省地震局原副巡视员、高级工程师孟书和在论坛上作专题发言

（刘珠妹　摄）

2013 年 10 月 25 日，中国地震局地球物理研究所科技发展部主任卜淑彦（中）在贵阳主持召开项目中期检查会，邀请"历史地震及地震预报论坛"的部分专家参会，就"中国历史地震档案考证考证研究和利用"项目中期工作及后期执行产生成果征求意见和建议　　　　　　　　　　　　　　　　　　　　　　　　　　　　　（孟 飞 摄）

2013 年 12 月 21 日，中国地震局地球物理研究所资料室主任、副研究馆员李学勤（中），在深圳防震减灾科技交流培训中心主持召开"中国历史地震档案考证研究和利用"行业专项研讨会，研究讨论历史地震资料的挖掘、补充及相关要求

中国地震局原办公室主任、高级工程师蒋克训（右），原档案处处长、研究馆员徐爱信（左）参加2013年12月21日的项目研讨会并就有关工作提出建议

山西省地震局原副局长、研究员齐书勤（右），中国地震局地壳应力研究所研究馆员吴玉荣（左）参加2013年12月21日的项目研讨会并就有关工作提出建议

2014年6月14日，中国地震局办公室、中国地震局地球物理研究所在山东威海召开"中国历史地震档案考证研究和利用"项目进展情况报告会，听取项目实施组关于工作进展及初步成果情况汇报，安排部署下一阶段工作

"中国历史地震档案考证研究和利用"项目实施组成员李学勤（左2）、徐爱信（右2）、蒋克训（右1）、齐书勤（左1）等，参加2014年6月14日的项目进展情况报告会，并分别介绍了各自承担任务的工作进展情况

中国地震局办公室主任唐豹（左），中国地震局地球物理研究所副所长、研究员高孟潭（右）对项目取得的初步成果予以充分肯定，并对做好项目验收的有关工作进行具体部署

中国第一历史档案馆吴元丰研究馆
员应邀参加 2014 年 6 月 14 日的项
目实施情况报告会，并就项目成果
运用等提出建议

中国第一历史档案馆研究馆员郭美兰
应邀参加 2014 年 6 月 14 日的项目实
施情况报告会

中国地震局地球物理研究所研究员潘华
对项目成果的运用等提出有关建议

2014年12月6日，中国地震局地球物理研究所在云南玉溪召开"中国历史地震档案考证研究和利用"项目结题准备会议，研究部署相关工作

中国地震局地球物理研究所副所长、研究员高孟潭针对项目结题工作提出要求

中国地震局计划财务司原巡视员于惠芳（上图中）、云南省地震局防震减灾研究所所长、研究员张建国（中图左）、中国地震局地球物理研究所科技发展部主任卜淑彦（中图右）、财务处长付丽平（下图）等参加会议并就项目结题提出有关建议

2014 年 7 月 11 日，"中国历史地震档案考证研究和利用"项目实施成员组徐爱信（中）、齐书勤（左 3）、孟书和（右 3），在山东省地震局、临沂市地震局、郯城县地震局有关人员陪同下考察郯城麦坡地震遗址

中国地震局原副局长、中国科学院院士丁国瑜题写的"郯城麦坡地震活断层遗址"

郯城县人民政府建立的县级重点文物保护单位——麦坡地震遗址

经历了300多年的风雨侵蚀，位于郯城麦坡的地震活断层遗址依然历历在目，蔚为大观

（注：文前彩插除署名外，其他照片均为孟书和摄）

　　20世纪80年代末，中国社会科学院、中国科学院、国家地震局共同组织实施了一项规模宏大、深入细致的中国地震历史资料搜集与整理工程。参加这项工程的全国各地的地震工作者和历史工作者，以高度负责的精神，深入各地的档案馆、图书馆、博物馆，翻书阅卷，伏案查找。经过认真搜集、精心整理，历时5年最终形成了4万余张中国地震历史资料卡片。在此基础上，由谢毓寿、蔡美彪主编出版了5卷7册的《中国地震历史资料汇编》。

　　中国地震历史资料卡片是一种以记述地震基本要素和资料来源的信息载体，其内容绝大多数为全国各地地方志（通志、府志、县志、州志）的摘录，少数为史书、文献、文章的摘抄。它记载了我国上至公元前23世纪、下至1980年4000多年间的地震史料。4万余张中国地震历史资料卡片以及以这些卡片为主要内容的《中国地震历史资料汇编》，是中国地震历史档案的重要组成部分。这些卡片原由中国社会科学院近代史研究所保存。鉴于这些卡片资料的珍贵性，经中国地震局2011年12月30日批准立项，中国地震局地球物理研究所组织实施了地震行业科研专项"中国历史地震档案考证研究和利用"。中国社会科学院近代史研究所在完成4万余张中国地震历史资料卡片数字化处理后，将这些卡片移交到中国地震局。

　　本书作者均为该地震行业科研专项"中国历史地震档案考证研究和利用"项目实施组成员。实施中，首先将电子版的中国地震历史资料卡片进行了分类整理。发现凡是地震基本要素清晰的卡片，均被《中国地震历史资料汇编》一书采用；未被采用的卡片，其内容多为记述灾情及异常现象，同样具有保存价值。随后，作者从档案资料开发利用的角度出发，着重对郯城地震的历史档案资料进行了梳理与研究。按照当今地震分析预报的有关理念，运用统计分析及平面标示的方法，比较直观地展示了郯城地震的波及范围、震前近50年的山东地震活动时空分布、震前6年周边各省地震活动概况。作者之所以侧重对郯城地震的历史档案资料进行开发研究，原因有二：一是迄今为止，该次地震是发生在我国东部沿海、人口密集地区的一次最大震级的破坏性地震，死亡人数超过 5 万人（康熙年间全国总人口约为 1.5 亿～2 亿），关注这里的历史地震和未来趋势是防震减灾的需要；二是中国地震历史资料卡片和《中国地震历史资料汇编》中涉及郯城地震的资料非常丰富，这为我们统计与分析该地震档案资料提供了便利条件。

本书系地震档案工作者对历史地震档案资料开发利用的一次尝试，旨在服务防震减灾。不妥之处，敬请有关专家指正。

王书和

2018 年 1 月

目　录

郯城地震概况

郯城位于山东省临沂市的南端，毗邻江苏省。350 年前，这里发生了一次华东地区历史上，同时也是中国历史上少有的大地震 —— 山东郯城地震。

地震时间：清康熙 7 年 6 月 17 日戌时（公元 1668 年 7 月 25 日）晚，戌时（晚 19：00 — 21：00）。

震中位置：北纬 34.8°、东经 118.5°。极震区位于郯城、临沭、临沂交界处。由于极震区大部分位于郯城县境内，故此次地震称为郯城地震。

震级与烈度：8.5 级，极震区烈度达 XII 度。此次地震造成了重大的人员伤亡（死亡 5 万余人）和经济损失。

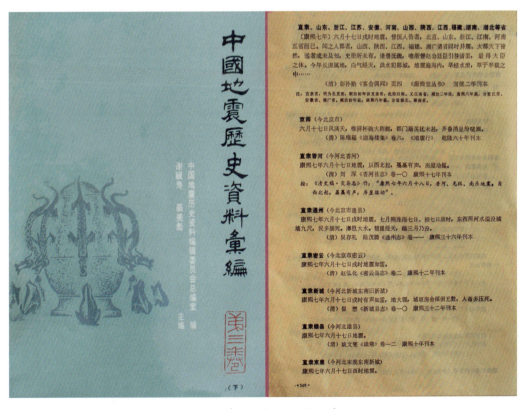

《中国地震历史资料汇编》一书对郯城地震的记述

　　波及范围：根据《中国地震历史资料卡片》及《中国地震历史资料汇编》统计，郯城地震波及京师（今北京）、直隶（河北）、山东、江苏、浙江、安徽、河南、江西、福建、湖北、山西、陕西、湖南等13个省市。当时全国共有309件地方志（县志、府志、州志、镇志）对清康熙7年6月17日（公元1668年7月25日）郯城地震的主震进行了记述。

　　记述郯城地震的地方志，分布情况如下：

　　京师及直隶（河北）地方志32件：京师（今北京市）、天津卫（治今天津市）、直隶香河（今河北香河）、直隶通州（今北京市通县）、直隶密云（今北京市密云）、直隶新城（今河北新城东南旧新城）、直隶雄县（今河北雄县）、直隶束鹿（今河北辛集市东南新城）、直隶灵寿（今河北灵寿）、直隶晋州（今河北晋州市）、直隶无极（今河北无极）、直隶南乐（今河南南乐）、直隶清丰（今河南清丰）、直隶滑县（今河南滑县）、直隶顺德府（治邢台，今河北邢台市）、直隶邢台（今河北邢台市）、直隶平乡（今河北平乡西南平乡城）、直隶内丘（今河北内丘）、直隶广平府（治永年，今河北永年东南旧永年）、直隶永年（今河北永年东南旧永年）、直隶鸡泽（今河北鸡泽）、直隶清河（今河北清河西南清河）、直隶盐山（今河北盐山）、直隶庆云（今河北盐山东南庆云）、直隶河间府（治河间，今河北河间）、直隶肃宁（今河北肃宁）、直隶东光（今河北东光）、直隶永平府（治卢龙，今河北卢龙）、直隶滦州（今河北滦县）、直隶冀州（今河北冀州市）、直隶枣强（今河北枣强）、直隶武邑（今河北武邑）。

中国地震历史资料卡片　　　　　　　　　冀　　0802

时间：	康熙七年六月十七日
地点：	香河县志
资料原文：	（清康熙）七年六月十七日地震从西北起　　有声房屋动摇

（接反面）

出处：书名（附篇名）　香河县志　　　　　　　　卷　　页
编著者　刘深
版本年代　康熙刊本　　　　　　　　收藏地点　科图
辑录者　朱汇川　　　一校　黄秀云　　　二校

　　山东地方志 102 件：济南府（治历城，今济南市）、东昌府（治今聊城）、兖州府（治滋阳，今兖州）、青州府（治今益都）、登州府（治今蓬莱）、莱州府（治今掖县）、直隶宁津、历城（今济南市）、章丘、邹平、缁川（今淄博市西南缁川）、长山（今邹平东长山）、新城（今桓台西旧桓台）、齐河、齐东（今邹平西北齐东）、济阳、临邑、长清、陵县、德州（治今德州市）、德平（今临邑北德平）、平原、堂邑（今聊城西堂邑）、莘县、冠县、馆陶（今冠县北旧馆陶）、高堂州（治今高堂）、恩县（今平原西恩城）、泰安州（今泰安）、肥城、莱芜、东平州（今东平）、东阿（今东阿东南东阿镇）、平阴、武定州（治武定，今惠民）、阳信、海丰（今无棣）、滨州（治今滨县）、利津、沾化（今沾化西沾城）、蒲台（今滨县南蒲台）、临清州（治今临清）、武城（今武城西南旧武城）、夏津、丘县（河北丘县南丘城）、滋阳（今兖州）、曲阜、宁阳、邹县、滕县、峄县（今枣庄南峄县）、汶上、阳谷、沂州（治今临沂）、郯城、费县、莒州（今莒县）、沂水、蒙阴、日照、安东卫（治今日照南安东卫）、曹州（治今菏泽）、单县、钜野（今巨野）、城武（今成武）、曹县、定陶、濮州、范县、朝城（今莘县西南朝城）、济宁州（今济宁市）、金乡、鱼台、蓬莱、黄县、福山、栖霞、莱阳、宁海州（治今牟平）、文登、成山卫（今荣城东北旧荣城）、威海卫（今威海市）、大嵩卫（今海阳东南凤城）、掖县、平度州（今平度）、潍县（今潍坊市）、昌邑、益都、益都颜神镇（今淄博市西南博山）、临淄（今淄博市东北临淄）、博兴、高苑、乐安（今广饶）、寿光、临朐、安丘、诸城、胶州（今胶县）、灵山卫（今胶南东北灵山卫）、高密、即墨。

中国地震历史资料卡片　　　　　　　　鲁 1753

时间：	清聖祖康熙七年六月十七日	公元 1668年7月25日

地点：

资料原文：康熙七年夏六月十七日地大震倏裂倏合壓隴廬舍人物無算北門外坼出一潭水青黑

（接反面）

出处：书名（附篇名）临沂县志　通紀　　　　　卷一　　页十三

编著者　王景祜修　潘琭远纂

版本年代　1917年鉛印　　　　　收藏地点　山东省博物館

辑录者　季同仁　　一校　张玉田　　二校　张友清

中国地震历史资料卡片　　　　　370 鲁

时间：	清圣祖康熙七年六月十七日	公元 1668年.

地点：

资料原文：康熙七年六月十七日戌時忽有白氣冲起天鼓鳴雷風戈甲之聲或自東南或自西北壞城垣民壓人者露處是夜震大次此天明震十一次自後常震至次年六月十二日猶震故縣村栲村地裂从水羊樓留宋等莊地陷為坑珠山震開石上有字人不能辨泰山頂廟鐘鼓自鳴地見馬蹄其大如斗或見大人之跡其長尺許

（接反面）

出处：书名（附篇名）泰安县志（祥眚祥異）　　　卷十四　　页八

编著者　程志隆修　李成鵬纂

版本年代　乾隆二十五年刻本　　　　收藏地点　山东省图书館书号411〈善〉

辑录者　张秀清　　一校　王安岳　　二校

49

江苏地方志48件：江宁府（治上元、江宁，今南京市）、溧水、高淳、淮安府（治山阴，今淮安）、山阳、盐城、清河（今清江市西南）、安东（今涟水）、扬州府（治江都，今扬州市）、义真（今义征）、泰州东台场（今东台）、淮南中十场、徐州、萧县（今安徽萧县）、丰县、沛县、邳州（今邳县西南古邳）、睢宁、海州（今连云港市西南海州）、赣榆沭阳、苏州府（治吴县、长洲，今苏州市）、吴县（今苏州市）、长州甫里（今吴县东南角直镇）、昆山、常熟、吴江、松江府（治娄县）、华亭（今上海市松江）、娄县（今上海市松江）、上海川沙堡（今上海川沙）、上海、青浦（今上海市青浦）、太仓州（治今太仓）、太仓璜泾、崇明（今上海市崇明）、嘉定（今上海市嘉定）、常州府（治武进，今常州市）、无锡（今无锡市）、无锡开化乡、江阴、宜兴、靖江、镇江府（治丹徒，今镇江市）、丹徒（今镇江市）、丹阳、金坛。

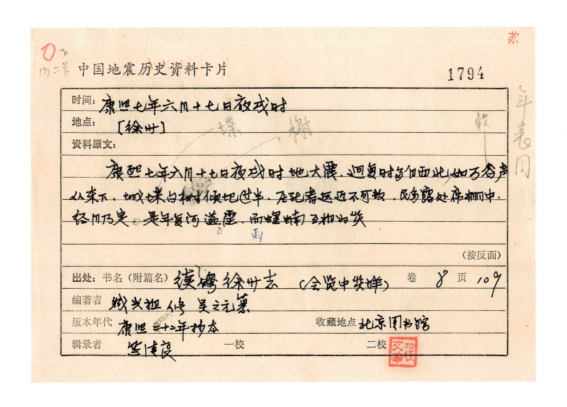

安徽地方志29件：安庆府（治怀宁，今安庆市）、怀宁（今安庆市）、桐城、宿松、望江、舒城、巢县、无为州（今无为）、凤阳府（今凤阳）、宿州（今宿州市）、颖州（今阜阳市）、霍丘、蒙城、徽州府（治今歙县）、休宁、婺源（今江西婺源）、祁门、绩溪、黟县、宁国府（治今宣城）、宣城、滁州、全椒、来安、和州（治今和县）、泗州（今盱眙北旧泗州）、虹县（今泗县）、天长、五河。

浙江的地方志38件：杭州府（治钱塘、仁和，今杭州）、钱塘（今杭州市）、仁和钱栖、仁和（今杭州市）、海宁、昌化、兴府（治嘉兴、秀水，今嘉兴市）、秀水（今嘉兴市）、嘉善、海盐、石门、平湖、桐乡、乌程镇、桐乡青镇、乌程（今湖州市）、归安（今湖州市）、双林镇、长兴、德青、孝丰（今吉安西南孝丰）、宁波府（治鄞县，今宁波市）、鄞县、鄞县桃源乡、慈溪、定海、绍兴府（治山阴、会稽，今绍兴市）、山阴（今绍兴市）、会稽（今绍兴市）、萧山、诸暨、上虞、嵊县、新昌、建德、邃安、寿昌、景宁（今云和东南鹤溪）。

河南地方志39件：安阳、开封府（治祥符，今开封市）、祥符（今开封市）、卫辉府（治今汲县）、汲县、新乡、济源、孟县、尉氏、鄢陵、宁陵、兰阳（今兰考）、商丘、虞城、考城（今民权东北）、陈州（治今淮阳）、商水、郏县、氾水、清丰、西华、项城、滑县、扶沟、夏邑、荥阳、汝州（治今临汝）、辉县、延津、舞阳、汝宁府（治汝阳，今汝南）、汝阳（今汝南）、上蔡、新蔡、光州（今潢川）、光山、鲁山、固始、息县。

中国地震历史资料卡片　　　　　　　　0984　豫

时间：	清康熙七年六月十七日	公元1668年7月25日
地点：	开封府	
资料原文：	〔七年夏六月〕十七日地震，房屋颓倒无数。	
备注：		
出处：编著者 管竭忠	书名（附篇名）开封府志·祥异	卷之九页十四
版本年代 康熙三十四年刻本	收芷地点 河南省图书馆	辑录者 漫集梧

江西的地方志8件：饶州府、鄱阳、星子、都昌、九江府（治德化，今九江市）、瑞昌、湖口、彭泽。

湖北的地方志5件：汉川、沔阳州（今沔阳西南沔阳城）、黄兴府（治今黄冈）、麻城、蕲州（今蕲春西南蕲州）。

中国地震历史资料卡片　　　　　　　　　　　　江西 141

时间：	清、康熙七年六月十七日　（公元一六六八年七月二十五日）
地点：	南昌
资料原文：	六月地震有声　　　府志

备注：道光波阳县志作：六月十七日地震

同治奉新县志作：夏六月地震有声

同治十年新建县志作：六月地震有声　　康元年　　赣乾方

雍正十年江西通志作：夏六月地震有声

康熙抚州府志作：　　七年六月地震有声

康熙十二年瑞昌县志作：戊申年夏六月十七日自酉至戌初地震

乾隆二十二年瑞昌县志作：七年夏六月十七日地震

同治瑞昌县志作：　　七年夏六月十七日地震有声

民国庐山志作：康熙七年戊申六月十七夜地震有声三邑皆同

康熙元年

中国地震历史资料卡片　　　　　　　0 0343 乙

时间：	清康熙七年六月　　　　　（公元1668年7月）	有
地点：	湖北大冶　（武昌府）
资料原文：	七年夏六月地震.

志作 六月十日 地震

康熙武昌府志

大冶县志　　十二年六月地震

七年六月大冶地震

（接反面）

出处：书名（附篇名）	大冶县志	（卷年）	卷 四 页 4
编著者	胡绳祖		
版本年代	清康熙二十二年	收藏地点	北京图书馆
辑录者	宋恒青	一校 贺克鼎	二校 黄君寿

山西的地方志8件：阳曲、长子、潞城、陵川、太平（今襄汾西南汾城）、解州、安邑（今运城东北安邑）、绛州（今新绛）。

中国地震历史资料卡片　　　　　　　　　　001425

时间：	清圣祖康熙七年六月十七日　（公元1668年7月25日）
地点：	解州
资料原文：	〔康熙〕七年六月十七日地震。

（接反面）

出处：书名（附篇名）	解州志　　祥异　　卷 9 页 18
编著者	陈士性
版本年代	康熙19年本　　收藏地点 北京图书馆
辑录者	齐书勤　　一校 康洪试　　二校

根据上述地方志的记述，参照《中国地震历史资料汇编》和其他相关资料，郯城地震的波及范围超过160万平方千米的国土面积（陆地面积）。

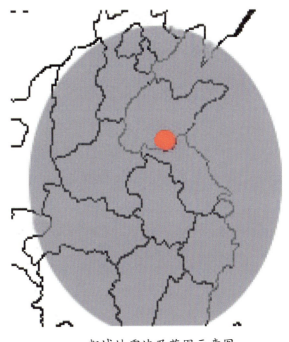

郯城地震波及范围示意图

震前48年山东省地震活动的时空分布

据统计，电子版的山东地震历史资料卡片共计4129张（含部分卡片的正反面），约占《中国地震历史资料卡片》总数的十分之一。这说明山东既是一个文化积淀厚重的省份，同时也表明山东历史上是一个地震活动较多的省份。

郯城地震作为中国历史上少有的大震之一，其能量的积累、释放决不是一蹴而就，而是应该有一个较长的过程。有关专家认为，一次大地震的余震活动往往会持续很长的时间，有的长达四五十年或更长的时间。据此我们认为，考证郯城地震前震的历史资料，亦应放在一个中长期时间段里。

为了考证郯城地震的历史资料，我们将1620年（明万历48年）10月至1668年（清康熙6年）6月48年间山东省所有历史资料卡片全部抽取出来，进行了梳理。如果将同一时间单一的或相邻两个、多个地方志记载的地震视为一次地震，在郯城地震震前的48年里，山东省境内的地震活动共计82次。

通过归纳与分析，进而发现这82次地震活动的时空分布不是杂乱无序的，而是有特征的，即集中分布在山东省的三个区域。

一是集中在胶东半岛区域。在郯城地震震前的48年里，这一区域的地震活动有18次，分述如下。

1. 1621年临淄、乐安（今广饶）地震

中国地震历史资料卡片　　　　　　　　　　　　　鲁　1590

时间：明熹宗天启元年		公元　1621年

地点：

资料原文：天启元年地震。

（接反面）

出处：书名（附篇名）临淄县志		残卷　七　页页数不详
编著者　邓性　修　　李焕章　纂		
版本年代　康熙十一年刻李	收藏地点　山东省图书馆	
辑录者　李同仁	一校　徐学炎	二校　王家岳

中国地震历史资料卡片　　　　　　　　　　　　　鲁　1300

时间：明熹宗天啓元年		公元 1621年

地点：

资料原文：天啓元年地震。

（接反面）

出处：书名（附篇名）乐安县志		杂志灾祥　卷十三　页三
编著者　李傅煦修王永贞纂		
版本年代　民国七年石印本	收藏地点	山东省图书馆
辑录者　王安岳	一校　张玉田	二校　李同仁

2. 1621年秋文登、荣成地震

中国地震历史资料卡片　　　　　　　　　　鲁 1295

时间：	明熹宗天启元年秋	公元1621年秋
地点：		
资料原文：[天启元年]秋地震		

（接反面）

出处：书名（附篇名）文登县志	灾祥　卷八　页十六
编著者　欧文修 林汝溪纂	
版本年代 道光十九年刻本	收藏地点 山东省图书馆
辑录者　黄绍嘱　　一校 李同仁　　二校 王立岳	

中国地震历史资料卡片　　　　　　　　　　鲁 1296

时间：	明熹宗天启元年秋	公元1621年秋
地点：		
资料原文：[明天启元年]秋地震		

（接反面）

出处：书名（附篇名）荣城县志	灾祥　卷一　页十九
编著者 李天隲 修岳庚进纂	
版本年代 道光二十年(庚子)刻本	收藏地点 山东省图书馆
辑录者　黄绍嘱　　一校 李同仁　　二校 王立岳	

3. 1621年11月22日掖县（今莱州）地震

中国地震历史资料卡片

鲁 1297

| 时间： | 明熹宗天启元年十月初十日 | 公元1621年11月22日 |

地点：

资料原文：明熹宗天启元年十月初十日 地微震

（接反面）

出处：书名（附篇名）掖县志　　　　　　　　祥异　卷之五　页五十三

编著者　张思勉修 手始瞻纂

版本年代　乾隆二十三年(戊寅)刻本　　收藏地点　山东省图书馆

辑录者　黄绍鸟　　一校 李同仁　　　二校 王守玺

4. 1621年11月13日—12月12日寿光、潍县（今潍坊）、昌邑、安丘、临朐、昌乐地震

3218

中国地震历史资料卡片

鲁

| 时间：明熹宗天启元年冬十月 | 公元1621年11月13日至12月12日 |

地点：

资料原文：

熹宗天启元年辛酉，冬十月地震。

（接反面）

出处：书名（附篇名）寿光县志稿　　　　　　卷一　页

编著者　崔东文

版本年代　民国十七年稿本　　收藏地点　上海图书馆

辑录者　张伯奥　　一校 丁颂华　　　二校 王守玺

中国地震历史资料卡片　　　　　　　　　　　　　　鲁 1675

时间：	明熹宗天启元年辛酉冬十月　　　　公元 1621年 11 月
地点：	
资料原文：	明熹宗天启元年辛酉冬十月地震（参昌邑、安邱昌乐志）

（接反面）

出处：书名（附篇名） 潍县志稿	通纪一 卷 二 页 卅五
编著者　　常之英修　　　刘选聪纂	
版本年代　民国30年铅印	收藏地点　山东省图书馆
辑录者　沙朝英　　一校　季同仁　　二校　王志岳	

中国地震历史资料卡片　　　　　　　　　　　　　　鲁 1299

时间：	明熹宗天启元年十月　　　　公元1621年11月
地点：	
资料原文：	明天启元年十月地震

（接反面）

出处：书名（附篇名） 昌邑县志	祥异 卷 七 页二百十五
编著者　　周来邰 修纂	
版本年代　清乾隆七年刻本	收藏地点　山东省图书馆
辑录者　沙朝英　　一校　张玉田　　二校　王志岳	

中国地震历史资料卡片　　　　　　　　　　　3806　鲁

时间：明熹宗天启元年辛酉十月	公元1621年11月
地点：	

资料原文：天启元年辛酉十月地震。

（接反面）

出处：书名（附篇名）　安邱县志　　　　卷纪　卷 一　页 三

编著者　天训

版本年代　康熙十五年刻本　　　　收藏地点　北京图书馆

辑录者　王宝岳　　一校　季同仁　　二校　王宝岳

中国地震历史资料卡片　　　　　　　　　　　264

时间：明熹宗天启元年冬十月	公元1621年
地点：	

资料原文：明熹宗天启元年冬十月地震

（接反面）

出处：书名（附篇名）临朐县志　　大事表　卷 十　页 十二

编著者　姚延福修　邓嘉缉纂

版本年代　光绪十年刻本　　　　收藏地点　山东省图书馆

辑录者　沙朝英　　一校　季同仁　　二校　季同仁

鲁 0724

中国地震历史资料卡片

时间：	明辛酉熹宗天启元年冬十月	㑹1621年11月
地点：		
资料原文：	(明辛酉熹宗天启元年)冬十月地震	

（接反面）

出处： 书名（附篇名）	昌乐县志	总纪上	卷 一	页 二十四
编著者	魏礼焯 修 阎学夏 纂			
版本年代	嘉庆十四年刻本	收藏地点 山东省图书馆		
辑录者	沙朝英	一校 李同仁	二校 李同仁	

5. 1622年3月21日淄川（今属淄博）地震

鲁 1488

中国地震历史资料卡片

时间：	明熹宗天启二年二月癸未	㑹1622年3月28日
地点：		
资料原文：	天启二年二月癸未地震	

（接反面）

出处： 书名（附篇名）	淄川县志	灾祥 卷三	页 五十四
编著者	王康 鉴修 藏岳 纂		
版本年代	乾隆八年刻本	收藏地点 北京市图书馆	
辑录者	张玉同	一校 王安岳	二校 王安岳

6. 1622年8月莱州地震

中国地震历史资料卡片　　　鲁　3246

时间：	明嘉宗天启二年七月　公元1622年8月
地点：	莱州
资料原文：	天启二年七月莱州地震有声

（接反面）

出处：书名（附篇名）	山东通志	五行 卷三十三 页 十七
编著者	岳濬 修　杜诏 纂	
版本年代	清乾隆元年刻本	收藏地点　山东省图书馆
辑录者	王安岳　　一校　马登雨	二校

7. 1624年春栖霞地震

中国地震历史资料卡片　　　鲁　3254

时间：	明嘉宗天启四年春　公元1624年春
地点：	栖霞
资料原文：	〔明天启〕四年春栖霞自东北来有声。地震

（接反面）

出处：书名（附篇名）	登州府志	灾祥 卷 一 页 十
编著者	施闰章　任璿 修	
版本年代	清顺治十七年刻本	收藏地点　山东省图书馆
辑录者	黄绍鸣　一校　张玉田	二校

8. 1632年福山（今烟台市福山区）地震

中国地震历史资料卡片

1688

时间：	明毅宗崇祯五年	公元1632年
地点：		
资料原文：	[明崇祯]五年登州陷大震因恐夏大疫	

（接反面）

出处	书名（附篇名）福山縣志（重修）	灾祥 卷一 页 四
编著者	何樂善修 王积熙纂	
版本年代 乾隆二十八年刻本		收藏地点 山東省圖书館
辑录者 黄绍鳴	一校 王安岳	二校 王安岳

9. 1634年6月黄县（今龙口市）、栖霞、莱阳、海阳、地震

中国地震历史资料卡片

3266

时间：	明毅宗崇祯七年五月	公元1634年6月
地点：	黄縣北街關帝廟前	
资料原文：	明崇祯四年五月，黄縣，北街關帝廟前井水如沸三日。	

七年春沙鶏自海島飛来，摇翅如殺殺聲，形如鸽，唯食沙，因
以沙名，人以為兵象，五月地震。

（接反面）

出处	书名（附篇名）登州府志	灾祥 卷一 页九
编著者	施闫章 任睿修	
版本年代 清順治十七年刻本		收藏地点 山東省圖书館
辑录者 黄绍鳴	一校 張玉田	二校 王安岳

中国地震历史资料卡片　　　　　　　　　　鲁 1604

时间：	明毅宗崇祯七年五月　　　公元 1634年 6月
地点：	

资料原文：〔明崇祯〕七年春，有鸟自海岛飞来摇翅如燕然然声，形如鸧鸟惟食次，因名汲鹤，人以为兵象，五月地震是年星陨有声。

（接反面）

出处：书名（附篇名）	栖霞县志	祥异 卷 八 页 三
编著者	卫荩　黄骊 中修	
版本年代	乾隆十九年刻本	收藏地点 山东省图书馆
辑录者	黄绍鸣	一校 张立田　二校 王寿岳

中国地震历史资料卡片　　　　　　　　　　鲁 1321

时间：	明毅宗崇祯七年五月　　　公元 1634年 6月
地点：	

资料原文：明崇祯七年春沙鸡见 来自海岛 数翼 作毂毂声 五月地震

（接反面）

出处：书名（附篇名）	莱阳县志	外纪灾祥 卷 九 页 八
编著者	万邦维修 张柬润纂	
版本年代	康熙十七年刻 十二年修本	收藏地点 山东省图书馆
辑录者	黄绍鸣	一校 李同仁　二校 王寿岳

中国地震历史资料卡片　　　　　　　　　　　　　魯 **1322**

时间	明毅宗崇祯七年五月	公元1634年6月
地点		
资料原文	明崇祯七年春沙雞見來自海島鼓翼作殺殺聲 五月地震	

（接反面）

出处：书名（附篇名）	海陽縣志	灾祥	卷二三	页十二
编著者	包桂 修纂			
版本年代	乾隆七年刻本	收藏地点	山東省圖书館	
辑录者	黃紹鳴	一校 李同仁	二校 王古岳	

10. 1635年临朐地震

中国地震历史资料卡片　　　　　　　　　　　　　　**1506**

时间	明毅宗崇祯八年	公元1635年
地点		
资料原文	〔崇祯〕八年逢 山石鼓鳴，聲隆隆如雷。	

（接反面）

出处：书名（附篇名）	臨朐縣志	灾祥	卷二	页三十八
编著者	屠寿徵 修 尹所遴 纂			
版本年代	康熙十一年刻本	收藏地点	北京市圖书館	
辑录者	張青清	一校 張玉田	二校 古岳	

11. 1636年11月诸城地震

中国地震历史资料卡片　　　　　　　　　　　　鲁 1323

时间：	明莊烈帝崇正丙子九年冬十有一月　　折 1636年11月
地点：	
资料原文：	[明崇正丙子九年冬十有一月]地震.

（接反面）

| 出处：书名（附篇名）　諸城縣志　　總紀上　　　　卷二　　页二十九 |
| 编著者　宮懋讓 修　　李文藻 纂 |
| 版本年代　乾隆二十九年刻本　　收藏地点　山東省圖书馆 |
| 辑录者　沙朝美　　一校　張玉田　　二校　李國仁 |

12. 1637年11月临朐地震

鲁 1508

中国地震历史资料卡片

时间：	明毅宗 崇禎十年十月　　　　折 1637年11月
地点：	臨朐
资料原文：	[崇禎]十年冬十月 地震 聲殷殷如雷 動震屋瓦

（接反面）

| 出处：书名（附篇名）臨朐县志　　　　　灾祥 卷二　　页三十八 |
| 编著者　屠孝徵 修　尹所遂 纂 |
| 版本年代　康熙十一年刻本　　收藏地点　山東省圖书馆 |
| 辑录者　張春清　　一校　張玉田　　二校　王学岳 |

13. 1642年8月登州、莱阳地震

中国地震历史资料卡片　鲁 1607

时间：明毅宗崇祯十五年七月	公元1642年8月

地点：

资料原文：〔明崇祯十五年〕七月地震有声。

（接反面）

出处：书名（附篇名）登州府志	祥异卷 一 页 十
编著者 施闰章 任睿修	
版本年代 清顺治十七年刻本	收藏地点 山东省图书馆
辑录者 黄绍鸣 一校 张玉田 二校 王家岳	

中国地震历史资料卡片　鲁 1608

时间：明毅宗崇祯十五年秋七月	公元1642年8月

地点：

资料原文：〔崇祯十五年〕秋七月，地震有声。

（接反面）

出处：书名（附篇名）莱阳县志	大事记卷 首 页 十二
编著者 梁秉锟 修 王丕煦 纂	
版本年代 民国廿年 铅本	收藏地点 山东省图书馆
辑录者 马登丽 一校 徐学炎 二校 王家岳	

14. 1644年7月14日莱州地震

中国地震历史资料卡片   鲁 1610

时间：	明懷宗崇禎十七年六月十一日夜	公元1644年7月14日
地点：		
资料原文：	〔明懷宗崇禎十七年〕六月十一日，連夜空中響聲如萬馬奔騰.	

(接反面)

出处：书名（附篇名）	萊州府志·祥異	卷 十六	页 八
编著者	嚴禧修·張相纂		
版本年代	乾隆五年刻本	收藏地点	山東省圖书館
辑录者	黃紹鳴	一校 張玉田	二校

15. 1663年2月海阳地震

中国地震历史资料卡片   鲁 1706

时间：	清聖祖康熙二年正月	公元1663年2月
地点：		
资料原文：	康熙二年春正月初二日 流星大如月光燭地 自南而北 初九日無雲而雷 二十三日戌時有聲如海嘯 自西南起至子時方息 十一月沙難至	

(接反面)

出处：书名（附篇名）	海陽县志	災祥 卷三三	页 十三
编著者	包桂 修纂		
版本年代	乾隆七年刻本	收藏地点	山東省圖书館
辑录者	黃紹鳴	一校 李同仁	二校 王守高

16. 1664年10月6日海阳、莱阳地震

中国地震历史资料卡片   鲁 1707

时间:	清圣祖康熙三年八月十七日	公元1664年10月6日
地点:		
资料原文:	〔康熙三年〕八月十七日地震	

（接反面）

出处: 书名（附篇名）海陽县志	灾祥 卷之三 页十三
编著者 包桂 修纂	
版本年代 乾隆七年刻本	收藏地点 山东省图书馆
辑录者 黄绍鸣 一校 李同仁 二校 王守岳	

中国地震历史资料卡片   鲁 1708

时间:	清圣祖康熙三年八月十七日	公元1664年10月6日
地点:		
资料原文:	康熙三年八月十七日地震	

（接反面）

出处: 书名（附篇名）莱陽县志	外纪灾祥 卷 九 页中
编著者 万邦维修 张重润纂	
版本年代 康熙十七年刻十二年修本	收藏地点 山东省图书馆
辑录者 黄绍鸣 一校 李同仁 二校 王守岳	

17. 1665年文登、荣成地震

1999

鲁

中国地震历史资料卡片

时间:	清聖祖康熙四年		公元1665年

地点:

资料原文: 〔康熙〕四年地震

（接反面）

出处: 书名（附篇名）文登县志　　灾祥　　卷一　页二十三

编著者　王一夔修　富　珠纂

版本年代 清雍正三年刻本　　　收藏地点　北京图书馆

辑录者　王安岳　一校　张秀清　二校 王安岳

鲁 1711

中国地震历史资料卡片

时间:	清聖祖康熙四年		公元1665年

地点:

资料原文: 康熙四年地震大旱

（接反面）

出处: 书名（附篇名）荣城县志　　灾祥　卷一　页二十

编著者　李天隆修岳庚延纂

版本年代 道光二十年（庚子）刻本　　收藏地点　山东省图书馆

辑录者　黄绍鸣　　一校 李同仁　　二校 王安岳

18. 1666年9月昌乐地震

2000
鲁

中国地震历史资料卡片

| 时间： | 清圣祖康熙五年八月 | 公元1666年9月 |

地点：

资料原文： 康熙五年秋八月地震

（接反面）

| 出处：书名（附篇名） 昌乐县志 | 总记下 | 卷二 | 页二 |

编著者 魏礼焯修

版本年代 民国二十三年重印嘉庆三年修本　　收藏地点 山东省博物馆

辑录者 张秀涛　　一校 王安岳　　二校 丁安岳

将上述地震活动在图上标注出来，在郯城地震震前48年的时间里，胶东半岛区域地震活动范围如下图。

二是鲁西北地震活动区域。在郯城地震震前的 48 年里，这一区域的地震活动有 34 次，分述如下。

1. 1620年10月邹平、齐东（今高青）地震

2. 1621年9月东昌（今聊城）地震

3. 1622年3月2日德平（今德州）、武定（今惠民）地震

3226

中国地震历史资料卡片

时间：明熹宗天启二年正月二十一日	公元1622年3月2日
地点：德平	
资料原文：天启二年正月二十一日德平地震	

（接反面）

出处：书名（附篇名）济南府志　舆地志　灾祥　　卷十　页三十六

编著者　蒋焜修　唐梦赉纂

版本年代　康熙三十一年刊本　　收藏地点　山东省博物馆

辑录者　张秀浩　　一校　王安岳　　二校　王安岳

268

中国地震历史资料卡片

时间：明熹宗天启二年正月二十一日	公元1622年
地点：武定	
资料原文：天启二年正月二十一日武定地震	

（接反面）

出处：书名（附篇名）武定府志祥异　　卷十四　页十七

编著者　李熙龄纂修

版本年代　清咸丰九年刻本　　收藏地点　山东省图书馆

辑录者　王安岳　一校　张玉田　二校　沙朝美

4. 1622年3月28日邹平、齐东（今高青）地震

中国地震历史资料卡片   鲁 1309

时间：	明熹宗天启二年春二月癸未	公元1622年3月28日
地点：		
资料原文：	天启二年春二月癸未地震	

（接反面）

出处：书名（附篇名）	邹平县志	灾祥 卷十八 页十
编著者	赵咸庆修 赵仁山纂	
版本年代	中华民国二十年三月重印刻本	收藏地点 山东省博物馆
辑录者	马登雨	一校 季同仁 二校 张夏凌

中国地震历史资料卡片   鲁 1492

时间：	明熹宗天启二年二月	公元1622年3月
地点：		
资料原文：	天启二年二月地震	

（接反面）

出处：书名（附篇名）	齐东县志	灾祥 卷一 页二十七
编著者	金为霖修 王中兴纂	
版本年代	清康熙二十四年刻本	收藏地点 北京图书馆
辑录者	王安岳	一校 张夏清 二校 张岳

5. 1622年4月17—19日济南地震

中国地震历史资料卡片　　　　　　　　273

时间：	明熹宗天启二年三月癸卯　　　公元1622年
地点：	
资料原文：	〔天启二年〕三月癸卯连震三日坏民居无数

（接反面）

出处	书名（附篇名）济南新志（灾祥）			卷 二十	页 十七
编著者	王聘芳修　　成瓘纂				
版本年代	道光二十年本街刻本		收藏地点 山东省图书馆书号善2717		
辑录者	王安岳	一校 季同仁	二校 季同仁		

6. 1622年5月济南地震

中国地震历史资料卡片　　　　鲁 3245

时间：	明熹宗天启二年四月　　　公元1622年5月
地点：	历城
资料原文：	〔天启二年〕四月历城地复震

（接反面）

出处	书名（附篇名）济南府志	舆地志 灾祥	卷 十	页三十六
编著者	蒋焜修　唐梦赉纂			
版本年代	康熙三十一年刊本	收藏地点 山东省博物馆		
辑录者	张秀涛	一校 王安岳	二校 王安岳	

7. 1622年3—4月阳信地震

中国地震历史资料卡片　　　　　　　　　　272

时间：明熹宗天启二年二月·三月　　公元1622年

地点：

资料原文：天启二年二月地震三月地震

（接反面）

出处：书名（附篇名）陽信縣志祥異志　　　　卷　二　頁　四

编著者　朱蘭修　勞逴宣纂

版本年代　民國十五年鋁印　　　收藏地点　山東省圖書館

辑录者　王安岳　一校　張玉田　二校　李同仁

8. 1622年秋济南地震

中国地震历史资料卡片　　　　　　　　　　288

时间：明熹天启二年秋　　　公元1622年

地点：

资料原文：天启二年秋地震

（接反面）

出处：书名（附篇名）歷城縣志災祥　　　卷十六　頁十五

编著者　宋祖法修　叶承宗纂

版本年代　明崇禎十三年刻本　　　收藏地点　山東省圖書館

辑录者　沙朝美　一校　李同仁　二校　李同仁

9. 1622年冬平阴地震

中国地震历史资料卡片

时间：明熹宗天启二年	公元1622年
地点：	
资料原文：天启二年，地震。	

（接反面）

出处：书名（附篇名）平阴县志　　　　　灾祥　卷四　页二十四

编著者 喻春林修朱续孜纂

版本年代 清嘉庆十三年刻本　　　　　收藏地点 山东省图书馆

辑录者 张愚清　　　一校 季同仁　　　二校 王安岳

10. 1623年春济南、新城（今桓台）地震

中国地震历史资料卡片

时间：明熹宗天启三年春	公元1623年春
地点：济南府	
资料原文：天启三年春济南府地震	

（接反面）

出处：书名（附篇名）山东通志　　　　　五行　卷三十三　页十七

编著者 岳濬修 杜诏纂

版本年代 清乾隆元年刻本　　　　　收藏地点 山东省图书馆

辑录者 王安岳　　　一校 马登雨　　　二校 季同仁

中国地震历史资料卡片 　　　　　鲁 1315

时间：明熹宗天启癸亥春　　　　公元1623年春

地点：

资料原文：天启癸亥春 陨霜杀桑地震起西北行东南屋宇皆动 永生波
连震者三 夏地出血冬十月耿太僕圆牡丹华

（接反面）

出处：书名（附篇名）（康熙）新城县志　　炎祥卷 卷之十　页 五

编著者 严濂曾修 崔懋纂

版本年代 清康熙三十二年刻本　　　收藏地点 山东省图书馆

辑录者 王安岳　　　一校 张玉田　　　二校 王安岳

11. 1624年4月17日临邑、德平（今德州）地震

中国地震历史资料卡片 　　　　　鲁 1500

时间：明熹宗天启四年二月三十日　　公元1624年4月17日

地点：临邑

资料原文：天启四年二月三十日，邑地震。

（接反面）

出处：书名（附篇名）临邑县志　　事纪志 卷十四　页 六

编著者 陈起凤修、邢璟纂

版本年代 清顺治初刻本　　　收藏地点 北京图书馆

辑录者 张玉田　　　一校 王安岳　　　二校 王安岳

中国地震历史资料卡片　　　　　　　　　　　　　　鲁　1317

时间:	明熹宗天启四年二月三十日　　公元1624年4月17日
地点:	

资料原文:〔天启〕四年二月三十日地震

（接反面）

出处: 书名（附篇名）《德平县志》.祥异　　　　卷 9 页 3

编著者　锺大受

版本年代　清嘉庆元年刻本　　　　　收藏地点　山东省图书馆

辑录者　徐学峰　　　一校　张季清　　　二校　张嘉

12. 1624年惠民地震

中国地震历史资料卡片　　　　　　　　　　　　　292

时间:	明熹宗天启四年二月　　公元1624年
地点:	

资料原文：天启四年正月朔至初三日日晕环抱二珥,一珥抱日,一珥
背日有赤白氛相射,十二日日晕四围如银光荡漾又紫赤
光上下缭绕,二月地震三月又震。秋蝗惠入南半四十余
日,十月天鼓鸣起东南迄西北有声如雷。

（接反面）

出处: 书名（附篇名）惠民县志灾祥　　　　卷 十七 页 十一

编著者　沈世铨修　李勋纂

版本年代　光绪二十五年刻十二年修本　　　收藏地点　山东省图书馆

辑录者　沙朝英　一校　李同仁　　二校　李国仁

13. 1626年6月28日平原、宁津、商河、济阳地震

中国地震历史资料卡片　　　　　　　　　　　　鲁　1602

时间:	明熹宗天启六年六月丙子	公元1626年6月28日
地点:		

资料原文：〔天启〕六年六月丙子 地震，

（接反面）

出处：书名（附篇名）平原县志	杂志 卷 九 页 七

编著者 黄怀祖 修　　黄兆熊 纂

版本年代 民国廿五年　铅印本　　收藏地点 山东省图书馆

辑录者 李同仁　　一校 徐学尖　　二校 王贵岳

中国地震历史资料卡片　　　　　　　　　　　　3257

时间:	明熹宗天启六年六月丙子	公元1626年6月28日
地点:		

资料原文：熹宗天启六年六月丙子南自齐南北至天津卫同时地震撼屋摧垣颇形颠踬

（接反面）

出处：书名（附篇名）宁津县志	杂稽志上 祥异 卷 十一 页 五十一

编著者 祝嘉庸修 吴浔源纂

版本年代 清光绪二十六年刻本　　收藏地点 山东省图书馆

辑录者 徐学尖　　一校 张玉日　　二校 王贵岳

中国地震历史资料卡片

鲁 1687

时间：	明熹宗天启六年六月	公元1626年6月
地点：		

资料原文：天启六年六月地震 闰月早煌

（接反面）

出处：书名（附篇名）商河县志　　　赋役志（祥异）卷 三 页 四十九

编著者　龚廷煌 纂修

版本年代　道光16年刻本　　　收藏地点 山东省图书馆

辑录者　季同仁　　　一校 张秀清　　　二校 王安岳

中国地震历史资料卡片

鲁 1685

时间：	明熹宗天启六年六月	公元1626年6月一
地点：		

资料原文：天启六年六月地震有声如风

（接反面）

出处：书名（附篇名）续修济阳县志　　　轶事志（祥异）卷 二十 页 十四

编著者　卢永祥 修　　　王蹈鳌 纂

版本年代　民国23年上海中华书局铅印　　　收藏地点 山东省图书馆

辑录者　季同仁　　　一校 张秀清　　　二校 王安岳

14. 1629年2月22日—3月24日邹平地震

中国地震历史资料卡片 311

时间：	明毅宗崇祯二年二月　　公元1629年.
地点：	邹平
资料原文：	崇祯二年二月邹平地震.

（接反面）

出处：书名（附篇名）济南府志（灾祥）		卷二十　页十八.
编著者	王赠芳修　成瓘纂	
版本年代	道光二十年本衙刻本	收藏地点 山东省图书馆书号善2717
辑录者	王安岳　一校 季同仁　二校 李同仁	

15. 1637年新泰地震

中国地震历史资料卡片 3584 鲁

时间：	明毅宗崇祯丁丑（十年）春　　公元1637年
地点：	
资料原文：	〔崇祯〕丁丑春地震，秋复震。空中蓝日无数磨盘飞舞。

（接反面）

出处：书名（附篇名）新泰县志　附城灾祥		卷一　页十
编著者	相建芳纂修，宁尊光增补	
版本年代	顺治十五年刻本，康熙十七年增补	收藏地点 北京图书馆
辑录者	季同仁　一校 张秀洁　二校 张秀洁	

16. 1642年4月21日阳信、济阳地震

3269

中国地震历史资料卡片　　　　　鲁

时间：	明毅宗崇祯十五年三月二十三日	公元1642年4月21日

地点：阳信

资料原文：崇祯十五年三月二十三日阳信地震

（接反面）

出处：书名（附篇名）济南府志　　舆地志　　灾祥　　卷十　　页三十八

编著者　蒋焜修　　唐梦赉纂

版本年代　康熙三十一年刊本　　　　收藏地点　山东省博物馆

辑录者　张秀清　　　一校　王安岳　　　二校　王安岳

鲁1091

中国地震历史资料卡片

时间：	明毅宗崇祯十五年三月二十三日	公元1642年4月21日

地点：

资料原文：崇祯十五年三月雨雹二十三日地震

（接反面）

出处：书名（附篇名）续修济阳县志　　轶事志（祥异）卷二十　　页十五

编著者　卢永祥修　　王嗣鳌纂

版本年代　民国23年上海中华书局铅印　　收藏地点　山东省图书馆

辑录者　季同仁　　　一校　张秀清　　　二校　王安岳

17. 1643年12月11日德州地震

中国地震历史资料卡片

321

时间:	明毅宗崇祯十六年十一月	公元1643年
地点:		
资料原文:	崇祯十六年十一月地震	

（接反面）

出处：书名（附篇名）德州志　　　　纪事　卷二　页二十四

编著者 王道亨修 张庆源纂

版本年代 乾隆五十三年刻本　　　　收藏地点 山东省图书馆

辑录者 沙朝英　　　一校 李同仁　　　二校 李同仁

18. 1647年冬泰安、莱芜地震

中国地震历史资料卡片

3284

鲁

时间:	清世祖顺治四年冬	公元1647年冬
地点:	泰安	
资料原文:	顺治四年冬泰安州地震	

（接反面）

出处：书名（附篇名）济南府志　　　舆地志　灾祥　　卷十　页四十

编著者 蒋焜修 唐梦赉纂

版本年代 康熙三十年刊本　　　　收藏地点 山东省博物馆

辑录者 张秀波　　　一校 王安岳　　　二校 王安岳

中国地震历史资料卡片   鲁 1696

时间：	清世祖顺治四年冬	公元1647年冬

地点：

资料原文：〔顺治〕四年春大旱七月恒雨两月不止官署圮民间屋垣尽坏苗朽不熟冬地震

（接反面）

出处：书名（附篇名）《莱芜县志》·灾祥志   卷 不分卷 页

编著者

版本年代 民国初年稿本   收藏地点 省图书馆

辑录者 徐学炎   一校 张秀清   二校

19. 1649年冬新泰地震

中国地震历史资料卡片   1981 鲁

时间：	清世祖顺治己丑	公元1649年冬

地点：

资料原文：〔顺治己丑〕冬地震

（接反面）

出处：书名（附篇名）〔康熙〕新泰县志   封域志 灾祥 卷之一 页十

编著者 宗之璠 修纂

版本年代 康熙二十二年刻本   收藏地点 北京图书馆

辑录者 王安岳   一校 张玉田   二校

20. 1650年堂邑（今聊城西北堂邑）地震

中国地震历史资料卡片　　　　　　　　　1982 鲁

时间：	清顺治七年 世祖	公元1650年
地点：		
资料原文：	〔顺治七年〕地震	（堂邑志）

（接反面）

出处：书名（附篇名）	東昌府志	（五行）	卷三	页十六
编著者	嵩山修 謝香开纂			
版本年代	清嘉庆十三年刻本	收藏地点 山东省图书馆		
辑录者	徐学炎	一校 張玉田	二校 王达岳	

21. 1650年9月8日东昌府（今聊城）、武城地震

中国地震历史资料卡片　　　　　　　　　1983 鲁

时间：	清世祖 顺治七年八月十三日	公元1650年9月8日
地点：		
资料原文：	〔顺治庚寅七年〕八月十三日酉時 有火光起東南隔雨流 聲震如雷 （武城志）	

（接反面）

出处：书名（附篇名）	東昌府志	总化卷三	页二十一
编著者	胡德琳修 韓绅泰纂		
版本年代	清乾隆四十二年刻本	收藏地点 北京市图书馆	
辑录者	張玉田	一校 馬登瑞	二校 王达岳

中国地震历史资料卡片　　　　　　　　　　　鲁 1697

时间：	清世祖顺治七年八月十三日酉时　　公元1650年9月8日
地点：	
资料原文：	清世祖章皇帝顺治七年八月十三日酉时有火光起东 南隅西流声震如雷
	（接反面）
出处：书名（附篇名）	武城县志　　　　　祥异 卷十二　页十二
编著者	骆大俊 等纂
版本年代	乾隆十四年　　　　收藏地点 山东省博物馆
辑录者	张玉田　　一校 王安岳　　二校 张秀清

22. 1651年9月东阿地震

中国地震历史资料卡片　　　　　　　　　　　鲁 0739

时间：	清世祖顺治八年八月　　　　　公元1651年9月
地点：	
资料原文：	[顺治八年]秋八月地震者再
	（接反面）
出处：书名（附篇名）	东阿县志　　　　　祥异 卷二十三 页十
编著者	李贤书 修 吴怡 纂
版本年代	道光九年刻本　　　收藏地点 山东省图书馆
辑录者	李同仁　　一校 张玉田　　二校 王安岳

23. 1653年9月堂邑、馆陶（今冠县北旧馆陶）地震

中国地震历史资料卡片　　　　　　　　　鲁　2328

时间：	清世祖顺治十年八日　　　　公元1653年9月
地点：	
资料原文：	清世祖顺治十年八日地震

（接反面）

出处：书名（附篇名）	堂邑县志	祥异	卷七	页十三
编著者	卢承琰修	刘洪篆		
版本年代	光绪18年刻本	收藏地点	山东省图书馆	
辑录者	沈朝芙	一校 季同仁	二校 王安岳	

中国地震历史资料卡片　　　　　　　　　3297

时间：	清世祖顺治十年几月　　　　公元1653年9月
地点：	馆陶
资料原文：	〔顺治癸巳十年〕几月陶地震 馆

（接反面）

出处：书名（附篇名）	东昌府志	总纪三	卷三	页二十一
编著者	胡德琳修	周永年纂		
版本年代	清乾隆四十二年刻本	收藏地点	北京市图书馆	
辑录者	张玉田	一校 马登甫	二校 王安岳	

24. 1654年春乐陵地震

中国地震历史资料卡片   325 鲁

时间:	清世祖顺治十一年春 公元1654年
地点:	樂陵
资料原文:	〔顺治十一年〕春樂陵地震

（接反面）

出处：书名（附篇名）武定府志祥異   卷十四 页二十

编著者 赫達色修 莊肇奎纂

版本年代 清乾隆二十四年刻本   收藏地点 山東省圖書館

辑录者 王安岳 一校 張玉田 二校 沙朝英

4

25. 1654年8月海丰、无棣地震

中国地震历史资料卡片   327 鲁

时间:	清世祖顺治十一年七月 公元1654年
地点:	海豐
资料原文:	〔顺治十一年〕七月海豐地震

（接反面）

出处：书名（附篇名）武定府志祥異   卷十四 页二十

编著者 赫達色修 莊肇奎纂

版本年代 清乾隆二十四年刻本   收藏地点 山東省圖書館

辑录者 王安岳 一校 張玉田 二校 沙朝英

6

中国地震历史资料卡片

329鲁

时间：	清世祖顺治十一年秋七月	公元1654年
地点：		
资料原文：	顺治十一年秋七月地震	

（接反面）

出处：书名（附篇名） 无棣县志祥异　　　卷 十二 页 七

编著者 侯蔭昌修 张方墀纂

版本年代 民国十四年铅印　　收藏地点 山东省图书馆

辑录者 沙朝英 一校 李同仁 二校 李同仁

8

26. 1654年9月15日夏津、茌平、恩县（今平原西）、博平地震

中国地震历史资料卡片

1991
~~1989~~鲁

时间：	清世祖顺治十一年八月初五日	公元1654年9月15日
地点：		
资料原文：	〔顺治十一年〕八月初五日地震	

（接反面）

出处：书名（附篇名） 夏津县志前编志　杂志实祥　卷 九 页 十

编著者 方学成修 梁大鲲纂

版本年代 民国二十三年铅印　　收藏地点 北京图书馆

辑录者 徐学炎 一校 张玉田 二校 王志岳

鲁 0744

中国地震历史资料卡片

时间：清世祖顺治十一年八月初五	公元1654年9月15日、16日
地点：	
资料原文：{顺治十一年}八月初五日地震 次日地後震	

（接反面）

出处：书名（附篇名）荏平县志　　　　灾祥　卷 一　页 六

编著者　王画一修　王曰高纂

版本年代 康熙二年刻本　　　收藏地点 山东省图书馆

辑录者　李同仁　　一校 张玉田　　二校 王安岳

2150 鲁

中国地震历史资料卡片

时间：清世祖顺治十一年八月初五日辰時	公元1654年9月15日
地点：	
资料原文：顺治十年八月初五日辰時地震.	

（接反面）

出处：书名（附篇名）恩县续志　　　灾祥　卷 四　页 一

编著者　陈学海修. 韩天笃纂

版本年代 清雍正元年刻本　　　收藏地点 山东省图书馆

辑录者　马登雨　　一校 王安岳　　二校 李同仁

鲁 0741

中国地震历史资料卡片

时间：	清世祖顺治十一年八月初五日	公元1654年9月15日.
地点：		
资料原文：	顺治十一年八月初五日地震	

（接反面）

出处：书名（附篇名）	博平县志	祺祥 卷一 页十四
编著者	相祖宪修 乌竹芳辑	
版本年代	道光十一年活字排印	收藏地点 山东省图书馆
辑录者	季同仁	一校 张玉田 二校 王安岳

27. 1654年9月乐陵地震

普鲁 3299

中国地震历史资料卡片

时间：	清世祖顺治十一年春八月	公元1654年春.9月
地点：	乐陵	
资料原文：	顺治十一年春乐陵地震 八月复震	

（接反面）

出处：书名（附篇名）	乐陵县志	祥异 卷三 页七十八
编著者	王谦益修	郑成中纂
版本年代	乾隆27年刻本	收藏地点 山东省图书馆
辑录者	季同仁	一校 张秀清 二校 王安岳

28. 1658年2—3月乐陵地震

中国地震历史资料卡片　　　　　　　　　　　　　　1996 鲁

| 时间： | 清世祖顺治十五年正月二日二月十四日 | 公元1658年 | 2月3日 3月17日 |

地点：乐陵

资料原文：顺治十五年正月二日乐陵地震二月十四日复震

（接反面）

出处：书名（附篇名）济南府志　舆地志　灾祥　　卷 十　页 四十一

编著者 府焜修　唐梦赉纂

版本年代 康熙三十一年刊本　　收藏地点 山东省博物馆

辑录者 张秀结　　一校 王安岳　　二校 王安岳

29. 1661年无棣地震

中国地震历史资料卡片　　　　　　　　　　　　　　341 鲁

时间：清世宗顺治十八年春正月朔　　公元1661年

地点：

资料原文：顺治十八年春正月朔地震

（接反面）

出处：书名（附篇名）无棣县志祥异　　　　卷 十六 页 七

编著者 侯蔭昌修　张方墀纂

版本年代 民国十四年铅印　　收藏地点 山东省图书馆

辑录者 沙朝英　一校 季同仁　二校 李同仁

20

30. 1662年8月20日茌平地震

鲁 0751

中国地震历史资料卡片

时间：	清圣祖康熙元年七月初七日夜　　公元1662年8月20日
地点：	
资料原文：	康熙元年七月初七日夜四更忽有声自西来屋皆震

（接反面）

出处：书名（附篇名）	茌平县志	灾祥 卷 二十六 页三
编著者	盛津颐修 张建楨纂	
版本年代	民国十五年刻本	收藏地点 山东省图书馆
辑录者	季同仁	一校 张玉田	二校 王安岳

31. 1665年3月20日平阴地震

鲁 0752

中国地震历史资料卡片

时间：	清圣祖康熙四年二月四日．　　公元 1665年3月20日
地点：	
资料原文：	康熙四年二月初四日夜，地震，大风。四月陨霜冻麦。

（接反面）

出处：书名（附篇名）	平阴县志	灾祥 卷 四 页 二十七
编著者	喻春林修 朱续孜纂	
版本年代	清嘉庆十三年亥刻本	收藏地点 山东省图书馆
辑录者	张秀清	一校 季同仁	二校 王安岳

32. 1665年3月21日海丰（今无棣）地震

33. 1665年4月16日阳信、海丰地震

34. 1667年长清地震

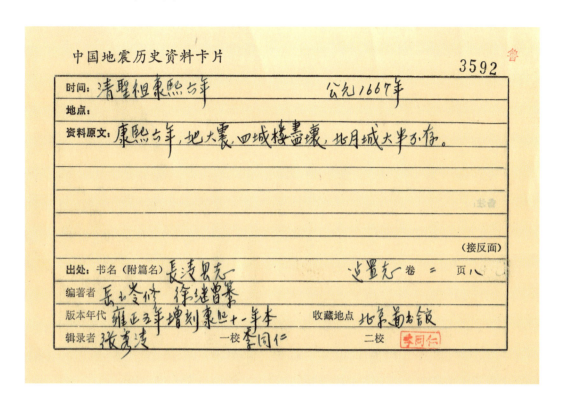

将上述地震活动在图上标注出来，在郯城地震震前48年的时间里，鲁西北区域地震活动范围如下图。

三是鲁西南地震活动区域。在郯城地震震前的48年里，这一区域的地震活动有27次，分述如下：

1.1621年滕县地震

中国地震历史资料卡片　　　　　　　　　　鲁 0725

明熹宗

时间：天启元年　　　　　　公元1621年

地点：

资料原文：天启元年地震

（接反面）

出处：书名（附篇名）滕县志实录　　　　　　　　卷三　页二

编著者　黄　浚修　王特先纂

版本年代　康熙五十六年修五十六年刻本　　收藏地点　山东省图书馆

辑录者　李同仁　　　　一校　张玉田　　二校　李同仁

2.1622年1月曹县地震

中国地震历史资料卡片　　　　　　　　　　270

时间：明熹宗天启二年一月七日　　公元1622年

地点：

资料原文：天启二年壬戌正月初七日夜地震有声 自东北来

（接反面）

出处：书名（附篇名）曹县志　　　　杂稽灾祥　卷十八页七

编著者　门可荣纂修

版本年代　康熙五十五年增刻二十四本　　收藏地点　山东大学图书馆

辑录者　张秀清　　　　一校　李同仁　　二校　沙朝英

3. 1622年春菏泽地震

中国地震历史资料卡片

时间：明熹宗天启二年春	公元1622年春
地点：	
资料原文：天启二年春地震有声如雷	

（接反面）

出处：书名（附篇名）新修菏泽县志　　雜記　卷十八　页七

编著者　凌寿柏　修　叶道源　纂

版本年代　光绪十一年　刻本　　收藏地点　山东省图书馆

辑录者　李同仁　一校　张玉田　二校　王克岳

4. 1622年3月12日—4月10日汶上、东阿地震

中国地震历史资料卡片

时间：明熹宗天启二年二月	公元1622年3月
地点：	
资料原文：明天启二年二月地震异常	

（接反面）

出处：书名（附篇名）续修汶上县志　　災祥　卷五页一

编著者　闻元灵　修

版本年代　康熙五十六年刻本　　收藏地点　山东省图书馆

辑录者　沙朝美　一校　李同仁　二校　李同仁

鲁 0731

中国地震历史资料卡片

时间：	明熹宗天启二年二月	约1622年3月
地点：		
资料原文：	天启二年二月地震	

（接反面）

出处：书名（附篇名）东阿县志　　祥异　卷二十三　页十

编著者　李贤书修吴怡纂

版本年代　道光九年刻本　　　收藏地点　山东前图书馆

辑录者　李同仁　　一校　张玉田　　二校　王宏喜

5. 1622年3月15日定陶地震

鲁 0726

中国地震历史资料卡片

时间：	明熹宗天启二年二月四日	约1622年3月15日
地点：		
资料原文：	明天启二年二月四日地震	

（接反面）

出处：书名（附篇名）定陶县志　　杂稽　　卷八　页六

编著者　雷宏宇修　张绍谓纂

版本年代　光绪二年刻本　　　收藏地点　山东省图书馆

辑录者　沙朝美　　一校　李同仁　　二校　李同仁

6. 1622年3月17日鱼台、济宁地震

中国地震历史资料卡片　　　　　　　　　　鲁　1483

时间：	明熹宗 天啟 二年二月初六日	公元 1622年 3月17日
地点：		

资料原文：熹宗 天啟 二年二月初六日 夜地震有声

（接反面）

出处：书名（附篇名） 魚台县志		災祥 卷四　页十
编著者　馮得禄 纂修		
版本年代　清康熙三十年刻本	收藏地点　北京图书馆	
辑录者　張玉田	一校　張秀清	二校　王友岳

中国地震历史资料卡片　　　　　　　　　　鲁　1486

时间：	明熹宗天啟二年二月六日	公元1622年3月17日
地点：		

资料原文：熹宗天啟二年二月六日地震有声如雷

（接反面）

出处：书名（附篇名） 济宁直隶州志		纪年 卷一　页二十
编著者　王道亨 续修　盛百　编		
版本年代　清乾隆五十年刻本	收藏地点　北京图书馆	
辑录者　張玉田	一校　張秀清	二校　王友岳

7. 1622年3月18日曹县、郓城、城武、菏泽地震

中国地震历史资料卡片　　　　　　　　　　　　　　　　　鲁 1308

时间：	明熹宗天启二年二月初七日　　公元1622年3月18日
地点：	

资料原文：[天启]二年壬戌二月初七日夜地震有声自东北来

（接反面）

出处：书名（附篇名）曹县志　　　　　祥籍志灾祥卷十八　　页 七

编著者　清知县 郭道生重修

版本年代　康熙五十五年刻本　　　　收藏地点 北京图书馆

辑录者　张玉田　　　一校 郡登雨　　　二校 张青凌

中国地震历史资料卡片　　　　　　　　　　　　　　　　　鲁 1307

时间：	明熹宗天启二年二月初六夜　　公元1622年3月18日
地点：	

资料原文：天启二年二月初六夜地震有声如雷自震而坎地裂泉涌
墙屋皆仆

（接反面）

出处：书名（附篇名）郓城县志　　　　雍稽　　卷 七　　页 四

编著者　诸盛铭修

版本年代　康熙55年刻本　　　　收藏地点 山东省博物馆

辑录者　季同仁　　　一校 诸玉田　　　二校 张青凌

鲁 0728

中国地震历史资料卡片

时间：	明熹宗天启二年二月初七日夜　　公元1622年3月18日
地点：	
资料原文：	明天启二年二月初七日夜地震有声自东北来.

（接反面）

出处：书名（附篇名）	城武县志　　　祥祲　卷 十三 页 二
编著者	袁章华 修　刘士瀛 纂
版本年代	道光十年刻本　　收藏地点 山东省图书馆
辑录者	沙朝美　一校 李同仁　二校 李同仁

鲁 1593

中国地震历史资料卡片

时间：	明熹宗天启二年春二月　　公元1622年3月　日
地点：	
资料原文：	熹宗天启二年春二月地震有声如雷

（接反面）

出处：书名（附篇名）	菏泽县志灾祥　　　卷 十九 页 十
编著者	凌寿柏 修　宋明在 纂
版本年代	光绪六年修六年刻本　　收藏地点 山东省图书馆
辑录者	李同仁　一校 张玉田　二校 李同仁

8. 1622年3—4月菏泽、钜野、金乡、滕县地震

中国地震历史资料卡片　　　　　　　　　　鲁　1593

时间:	明熹宗天启二年春二月	公元1622年3月 日

地点:

资料原文: 熹宗天启二年春二月地震有声如雷

（接反面）

出处: 书名（附篇名）菏泽县志灾祥　　　　卷 十九 页 十

编著者 凌寿柏修　宋明在纂

版本年代 光绪六年修六年刻本　　收藏地点 山东省图书馆

辑录者 李同仁　　　一校 张 王 田 二校 李同仁

中国地震历史资料卡片　　　　　　　　　　鲁　1598

明熹宗

时间:	天启二年壬戌	公元1622年

地点:　　　　　　　　　　　　　把

资料原文: 天启二年壬戌地大震城圮过半

（接反面）

出处: 书名（附篇名）钜野县志编年　　　　卷 二 页 二十一

编著者 黄维翰修纂

版本年代 道光二十年修二十六年刻本　　收藏地点 山东省图书馆

辑录者 李同仁　　　一校 张 王 田 二校 李同仁

中国地震历史资料卡片　　　　　　　　　　　　　鲁　0732

时间：　天啟二年二月　　　　　　　　公元1622年3月
明熹宗
地点：
资料原文：天啟二年二月地震有聲如雷，三月太白經天凡一月有餘
（接反面）
出处：书名（附篇名）　金乡县志事纪　　　　　　卷十一　页十一
编著者　李　疊修纂
版本年代　同治元年修元年刻本　　　　收藏地点　山東省圖書館
辑录者　李同仁　　　一校　呀玉田　　二校　李同仁

中国地震历史资料卡片　　　　　　　　　　　　　鲁　3244

时间：　明熹宗天啟二年三月　　　　　　公元1622年4月
地点：　滕縣
资料原文：天啟二年（滕縣犀狐晝見拍手遊戲）三月地震
（接反面）
出处：书名（附篇名）　山東通志　　突祥　　　卷六十三頁二十五
编著者　趙　祥星修　李　焕章纂
版本年代　清康熙十四年刻本　　　　收藏地点　山東省圖書館
辑录者　叼登雨　　　一校　王安岳　　二校　李同仁

9. 1622年4月25日曲阜、邹县、兖州地震

中国地震历史资料卡片　　　　　　　　　　　　　　　　　　　　　　　　　　　　　　魯 1595

| 时间： | 壬戌明熹宗天启二年三月望 | 公元1622年4月25日 |

地点：

资料原文： 壬戌熹宗天启二年三月望地震

（接反面）

出处：书名（附篇名）曲阜县志通编　　　　　卷 三十 页 十四

编著者 潘　相修纂

版本年代 乾隆三十九年修三十九年刻本　　收藏地点 山东省图书馆

辑录者 李同仁　　一校 张玉田　二校 李同仁

中国地震历史资料卡片　　　　　　　　　　　　　　　　　　　　　　　　　　　　　　魯 1596

| 时间： | 明天启二年三月十五日 | 公元1622年4月25日 |

地点：

资料原文： 天启二年三月十五日地震

（接反面）

出处：书名（附篇名）邹县志灾异　　　　　卷 三 页 八十一

编著者 娄一均修 周翼纂

版本年代 康熙五十四年修五十五年刻本　　收藏地点 山东省图书馆

辑录者 李同仁　　一校 张玉田　二校 李同仁

中国地震历史资料卡片　　　　　　　　　　　　　　1682

| 时间：明熹宗天启二年三月十四日 | 公元1622年4月25日 |

地点：

资料原文：天启二年三月十五日地震

（接反面）

出处：书名（附篇名）兖州府志　　　灾祥志　卷 三十　页 十二

编著者 陈顾联纂修

版本年代 乾隆35年刻本　　　　　收藏地点 山东省图书馆

辑录者 黄绍鸣　　一校 季同仁　　二校 王步岳

10. 1622年5月东平地震

中国地震历史资料卡片　　　　　　　　　　　　　　287

| 时间：明熹宗天启二年四月　公元1622年 |

地点：

资料原文：天启二年壬戌四月地震

（接反面）

出处：书名（附篇名）东平州志（灾祥）　　　卷 六　页 二十三

编著者 张聪 修．单民功 纂

版本年代 康熙十九年刻本　　　收藏地点 山东省图书馆书号3633〈善〉

辑录者 张秀清　　一校 季同仁　　二校

11. 1625年3月25日曹县地震

中国地震历史资料卡片　　　　　　鲁　1320

时间：明熹宗天启五年乙丑二月十七日夜	公元 1625年3月25日
地点：	
资料原文：明熹宗[天启五年]二月十七日夜地震	

（接反面）

出处：书名（附篇名）曹县志　　　　杂稽 灾祥　　卷十八　页八

编著者：朱琦等续修　　门可荣等纂

版本年代 康熙十二年　　　　　　收藏地点 山东省博物馆

辑录者 张玉田　　　一校 王安岳　　　二校 张秀凌

12. 1644年4月24日郓城地震

中国地震历史资料卡片　　　　　　鲁　1329

时间：明毅宗崇祯十七年三月十八日午	公元1644年4月24日
地点：郓城	
资料原文：崇祯十七年三月十八日午天鼓鸣自北而南	

（接反面）

出处：书名（附篇名）郓城县志　　　杂稽　　卷七　页六

编著者：张盛铭 修

版本年代 康熙55年刻本　　　　收藏地点 山东省博物馆

辑录者 季同仁　　　一校 张玉田　　　二校 张秀凌

13. 1651年9月东阿地震

中国地震历史资料卡片　　　　　　　　　　鲁　0739

时间：	清世祖顺治八年八月	公元1651年9月
地点：		
资料原文：	[顺治八年]秋八月地震者再	

（接反面）

出处：书名（附篇名）	東阿县志	祥異 卷二十三 頁十
编著者	李贤书修 吴怡纂	
版本年代	道光九年刻本	收藏地点 山東省圖书館
辑录者	李国仁	一校 张玉田　二校 王宗岳

14. 1654年濮州、阳谷、朝成、范县地震（濮州、范县今属河南）

中国地震历史资料卡片　　　　　　　　　　鲁　3301

时间：	清世祖顺治十一年甲午	公元1654年
地点：	濮州、陽穀、朝城、范縣	
资料原文：	順治十一年甲午濮州陽穀、朝城、范縣地震。	

（接反面）

出处：书名（附篇名）	山東通志通紀	卷 十一 頁 八四三
编著者	相士驤修 孙葆田纂	
版本年代	民国二十三年商印館影印本	收藏地点 山東省圖书館
辑录者	李国仁	一校 徐学炎　二校 李国仁

15. 1654年7月东明地震

中国地震历史资料卡片

19867 鲁

时间:	清世祖顺治十一年夏六月	公元1654年7月
地点:	东 明	
资料原文:	顺治十一年夏六月地震	

（接反面）

出处: 书名（附篇名）	东明县志	灾祥	卷 七 页 十二
编著者	储元升纂修		
版本年代	民国十三年石印	收藏地点	山东省图书馆
辑录者	徐学炎	一校 张玉田	二校 王清岳

16. 1654年9月15日朝城（今莘县西）地震

中国地震历史资料卡片

鲁 1693

时间:	清世祖顺治十一年八月初五日辰刻	公元1654年9月15日
地点:	朝 城	
资料原文:	顺治十一年八月初五日辰刻地震地水涌漾城堞多圮申时复震	

（接反面）

出处: 书名（附篇名）	朝城县志	灾祥志（凶异）卷 十 页 七
编著者	祖植桐修 赵昶纂	
版本年代	民国元年刻本	收藏地点 山东省图书馆
辑录者	季同仁	一校 张玉田 二校 王清岳

17. 1654年9月冠县地震

中国地震历史资料卡片　　　　　　　　　　鲁 1701

| 时间：清世祖顺治十一年八月　　公元1654年9月 |
| 地点：冠县 |
| 资料原文：（顺治十一年）八月地震 |

（接反面）

出处：书名（附篇名）冠县志　　　　梗样　卷 十　页 三

编著者　侯光陛修　陈熙雍纂

版本年代　民国二十三年刻本　　　收藏地点　山东省图书馆

辑录者　季同仁　　一校 张玉田　　二校 王志岳

18. 1655年9月4日阳谷地震

中国地震历史资料卡片　　　　　　　　　　鲁 1703

| 时间：清世祖顺治十二年秋八月五日　　公元1655年9月4日 |
| 地点：阳谷 |
| 资料原文：顺治十二年秋八月五日地大震如雷，十月二十七日又震 |

（接反面）

出处：书名（附篇名）阳谷县志　　　　灾异　卷 四　页 二十七

编著者　金一凤修　王时来纂

版本年代　民国九年石印　　　收藏地点　山东省图书馆

辑录者　季同仁　　一校 张玉田　　二校 王志岳

19. 1655年9月4日汶上地震

鲁 0747

中国地震历史资料卡片

时间:	清世宗顺治十二年八月初五日卯時	公元1655年9月4日
地点:	汶上	
资料原文:	清顺治十二年八月初五日卯時地震有聲如雷	

（接反面）

出处:	书名（附篇名）	續修汶上縣志	災祥	卷 五	页 二
	编著者	聞元晨 修			
	版本年代	康熙五十六年刻本	收藏地点	山東省圖书馆	
	辑录者	沙朝英	一校 李同仁	二校 李同仁	

20. 1656年9月滋阳（今兖州）地震

鲁 333

中国地震历史资料卡片

时间:	清世祖顺治十三年八月	公元1656年9月
地点:		
资料原文:	（顺治十三年）八月地震	

（接反面）

出处:	书名（附篇名）	滋陽縣志	災異	卷 二	页 七十
	编著者	李灝 修 仲宏道 纂			
	版本年代	康熙十一年刻本	收藏地点	山東省圖书馆	
	辑录者	沙朝英	一校 李同仁	二校 李同仁	

12

21. 1660年9月单县地震

中国地震历史资料卡片 337

时间:	清世祖顺治十七年八月　　公元1660年9月
地点:	单县
资料原文:	顺治十七年八月兖州地震，次年又震

（接反面）

出处：书名（附篇名）	单县志　灾祥	卷十四　页十二
编著者	项葆桢　修　李经野　篡	
版本年代	民国十八年石印本	收藏地点　山东省图书馆
辑录者	沙朝英　　一校　李同仁　　二校　李同仁	

16

22. 1660年9月鱼台地震

中国地震历史资料卡片 338

时间:	清世祖顺治十七年八月　　公元1660年9月
地点:	鱼台
资料原文:	顺治十七年八月 地震有声

（接反面）

出处：书名（附篇名）	鱼台县志　灾祥	卷三　页六
编著者	冯振鸿　修	
版本年代	乾隆二十九年刻本	收藏地点　山东省图书馆
辑录者	沙朝英　　一校　李同仁　　二校　李同仁	

17

23. 1660年9月金乡地震

中国地震历史资料卡片　　　　　　　　　　　鲁　0748

时间：	清顺治十七年八月　　　　公元1660年9月
地点：	金乡
资料原文：	顺治十七年八月地震冬大寒牛畜树木多冻死。

（接反面）

出处：书名（附篇名）	金乡县志事纪	卷 十一 页 十三
编著者	李 墅 修纂	
版本年代	同治元年修元年刻本	收藏地点 山东省图书馆
辑录者	季同仁	一校 吃品田	二校 季同仁

24. 1661年3月1日阳谷张秋镇地震

中国地震历史资料卡片　　　　　　　　　　　鲁　3311

时间：	清世祖顺治十八年春二月朔日　　公元1661年3月1日
地点：	
资料原文：	顺治十八年春二月朔日地大震

（接反面）

出处：书名（附篇名）	（康熙）张秋镇志　张秋志	卷之四 页纪变志
编著者	林克修　马子霜朴编	
版本年代	清康熙年间斌北斋抄本	收藏地点 山东省图书馆
辑录者	王安岳	一校 马登雨	二校 季同仁

25. 1661年8—9月兖州地震

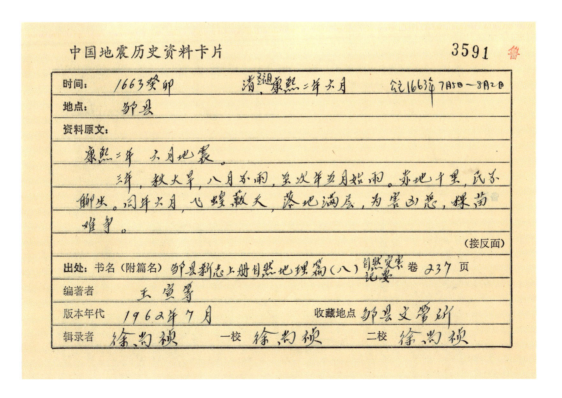

26. 1663年7—8月邹县地震

27. 1667年城武地震

中国地震历史资料卡片　　　　　　　　　　　　3837　鲁

时间：	清圣祖康熙六年五月初八日	公元1667年
地点：		
资料原文：	康熙六年三月初八日午时地震.	

（接反面）

出处：书名（附篇名）	城武县志.	附样程　卷三　页六十天
编著者	刘佐唐纂　刘孕桦编集	
版本年代	康熙九年刻本	收藏地点　上海图书馆
辑录者	王宝岳	一校　王宝岳　二校　王宝岳

将上述地震在图上标注出来，在郯城地震震前48年的时间里，鲁西南区域地震活动分布情况如下图。

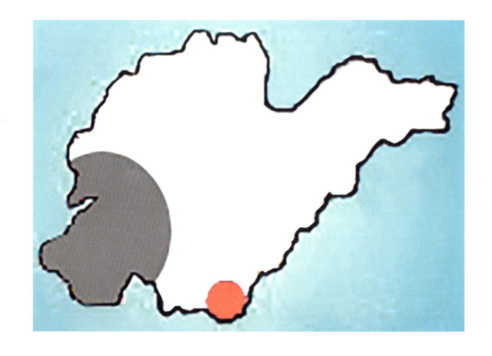

将胶东半岛、鲁西北、鲁西南三个区域的图示合并，得出如下直观结果：

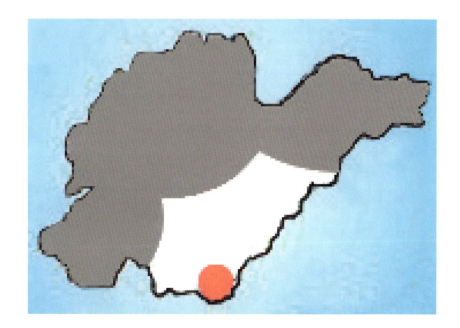

以上三个地震活动区域囊括了82次地震中的79次，另外3次地震则发生在山东省的东南部。这三次地震分别是：

1. 1641年（崇祯十四年）11月的郯城地震

2. 1656年8月（顺治十三年六月）的莒州地震

3. 1664年（康熙三年）的郯城地震

综前，郯城地震震前48年里，山东境内的地震活动总体分布图示如下：

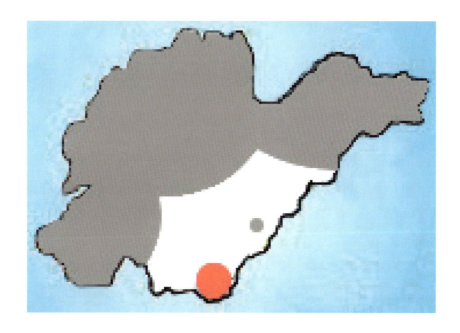

从山东境内的地震活动总体分布可以看出，在沂水、沂南、五莲、日照、莒县、泗水、蒙阴、平邑、费县、微山、枣庄、临沂、苍山（现称兰陵）、临沭、郯城这一地域相连的鲁东南区域内，震前48年里仅有3次地震的记载。这同其他3个区域同期79次地震的记载，形成了较大反差，充分表明了地震活动时空分布的不均等性。

震前6年周边各省地震活动的时空分布

中国地震预报的开拓者梅世蓉女士 1960 年曾在《中国的地震活动性》一文中，根据我国大陆地震活动时空分布的不均等特征，首先提出了强震前区域有感地震明显增多时，但强震往往并不发生在有感地震频度最高地区，而是在其间或附近的思路，即"地震空区"。1970 年，她在发表的《从华北地区地震的规律性，论地震危险划分的一个途径》一文里，进一步阐述了"地震空区"的理念。

地震历史资料是否能够印证"地震空区"的存在？带着这样的疑问，我们对郯城地震前 48 年来的山东省卡片资料进行了梳理。在此基础上，又对山东周边各省震前的资料情况进行了分析与考证。震前山东周边各省的地震活动非常频繁，资料非常丰富。为了节约篇幅，我们仅抽取了震前 6 年山东周边京师（北京）、河北、山西、河南、江苏、安徽、浙江、湖北等省的卡片资料和《中国地震历史资料汇编》一书收录的相关史料。这里，我们继续将同一天单一的或相邻两个或多个地方志记载的地震视为 1 次地震，同时将不同地域同一天记载的地震视为同一天不同时刻发生的地震。根据这样的方法计算，山东周边各省在 1662 年 3 月至 1668 年 7 月这样一个中短期时间段里，共发生地震 98 次。

现将其中 90 次地震 [京师 10 次地震取其 6 次，河北永平府（治卢龙）、滦县 8 次地震取其 4 次] 的历史资料（其中的旧历按《中国历史地震资料汇编》的公元纪年进行了换算标注）逐一列出：

1. 1662年3月16日河北唐县地震

中国地震历史资料卡片		冀 0718
时间: 康熙元年壬寅春正月		1662年
地点: 唐县		
资料原文: 康熙元年正月二十七日地震		
		(接反面)
出处: 书名(附篇名) 唐县志		卷 二 页 三
编著者 王政		
版本年代 康熙十二年	收藏地点 科图	
辑录者 朱汇川	一校 张秀梅	二校

2. 1662年4月18日河北赤城地震

中国地震历史资料卡片		冀 0723
时间: 康熙元年春三月		1662年
地点: 赤城		
资料原文: 康熙元年春三月地震		
		(接反面)
出处: 书名(附篇名) 赤城县志 灾祥		卷 一 页 二十八
编著者 吴炜		
版本年代 乾隆十三年	收藏地点 石图	
辑录者 安彦忠	一校 张秀梅	二校

3. 1662年4月21日河北宣化地震

中国地震历史资料卡片		冀 0722

时间：	康熙元年	1662年
地点：	宣化县	

资料原文：康熙元年三月地震

注：宣化府志　乾隆二十二年吴廷华

龙关县志　民国二十三年铅印

怀安县志　民国二十三年　张镜渊　光绪年本荫禄

赤城县志　乾隆刊本　孟思

（接反面）

出处：书名（附篇名）宣化县志　灾祥志	卷　五　页二十
编著者　陈坦	
版本年代　康熙五十年刊本	收藏地点　石图
辑录者　司镜涛	一校　张秀梅　二校

4. 1662年7月河南杞县地震

中国地震历史资料卡片		0950 豫

时间：	清圣祖康熙元年六月	公元1662年7月
地点：	杞县	

资料原文：康熙元年夏六月，汤决开封黄练口，滥县境，地震。

备注：

出处：编著者　王之正纂修	书名（附篇名）（乾隆）杞县志·天文灾祥　卷二　页十八
版本年代　乾隆十二年刊本	收藏地点　河南省图书馆　辑录者　智天成

5. 1662年9月12日—10月1日河南上蔡地震

中国地震历史资料卡片　　　　0961　豫

时间:	清康熙元年八月　　　　公元1662年10月
地点:	上蔡县
资料原文:	康熙元年壬寅秋八月地震，大有年。

备注:

出处: 编著者 杨廷望　书名(附篇名) 上蔡县志·编年志 卷廿页三十一
版本年代 康熙二十九年　收芷地点 河南省图书馆　辑录者 刘永之

6. 1662年10月11日河南项城地震

中国地震历史资料卡片　　　　0953　豫

时间:	清·康熙元年八月三十日午刻　公元1662年10月11日午刻
地点:	项城县
资料原文:	康熙元年五月，霪雨淋漓，抵九月乃已，四野渟漫，上流邓城等口尽决，平地水深丈余，舟航直抵郭外，民间庐舍漂没几尽，无麦无禾。八月三十日午刻，地震雷鸣。

备注: 胶卷本

出处: 编著者 顾芳宗、王耿言　书名(附篇名) 项城县志·祥异志 卷八页
版本年代 康熙廿年刻本　收芷地点 上海图书馆　辑录者 刘一虫
廿九　　　吴曾德
　　　　赵国佟

7. 1662年10月20日河南太康地震

中国地震历史资料卡片　　　　　　　　　　0959　豫

时间：	清康熙元年九月九日巳時　　　　　公元1662年10月20日
地点：	太康
资料原文：	康熙元年秋大水遍地行舟，九月九日巳時地震。

备注：

| 出处：编著者 | 朴怀寳 | 书名（附篇名） | 太康县志·災異 | 卷八 页十二 |
| 版本年代 | 康熙三十六年刊本 | 收芷地点 | 北京图书馆 | 辑录者 浦克　荆三林 |

8. 1662年11月11日奉天盛京（今沈阳）地震

中国地震历史资料卡片　　　　　　　　　　一 辽宁 29

时间：	清聖祖康熙元年十月．公元一六六二年十月一十一月
地点：	盛京
资料原文：	康熙元年十月，盛京地震有声。

备注：

| 出处：编著者 | 王树枏 | 书名（附篇名）《奉天通志》《民政三·实振》 | 卷三四页22　144 |
| 版本年代 | 民國二十三年 | 收芷地点 辽宁省图书馆 | 辑录者 刘林 |

9. 1662年12月30日河北永年地震

0726

冀

中国地震历史资料卡片

时间：	康熙元年·		1662年
地点：	永年·		
资料原文：	康熙元年十一月二十一日地震有声		
	六年九月二十三日地震		
	七年六月十七日夜地震		
	注：永年县志 光绪三年		
			（接反面）
出处：书名（附篇名）	永年县志 灾祥	卷 十八	页 九
编著者	朱世伟		
版本年代	康熙十一年	收藏地点	北图
辑录者	潘继平	一校 张秀梅	二校

10. 1662年12月31日河北威县地震

0724

冀

中国地震历史资料卡片

时间：	康熙元年十一月二十日		1662年
地点：	威县		
资料原文：	康熙元年十一月二十地震有声		
			（接反面）
出处：书名（附篇名）	威县志	卷 十五	页 五
编著者	李之栋		
版本年代	康熙刊本	收藏地点	科图
辑录者	李壮	一校 张秀梅	二校

11. 1662年江苏盐城地震

中国地震历史资料卡片　　　　　　　　　2971

时间：康熙元年

地点：（盐城）

资料原文：康熙元年地震，坏民庐。

（接反面）

出处：书名（附篇名）盐城县志　　（择异）　　卷 2 页 3

编著者 黄垣，沈伊

版本年代 乾隆11年　　　　　　　收藏地点 南京图书馆

辑录者 唐锦铁　　　一校　　　　　二校

12. 1663年3月4日湖北钟祥地震

中国地震历史资料卡片　　　　　　　　0000332

时间：清康熙二年正月二十六日 夜　　　1663年3月4日

地点：湖北钟祥

资料原文：康熙二年正月二十五日夜，地大震，次日又震。

（接反面）

出处：书名（附篇名）湖北钟祥县志　　（择异）　　卷 10 页 8

编著者

版本年代 康熙　　　　　　　　收藏地点 北京图书馆

辑录者 贺麦菲　　一校 陈美武　　二校 芭羽

127

13. 1663年3月13日湖北钟祥地震

中国地震历史资料卡片　　0000333

时间：	清康熙二年二月初四卯时	公元1663年3月13日
地点：	湖北钟祥	
资料原文：	二年二月初四卯时连震。	

（接反面）

出处：书名（附篇名）　湖北钟祥县志　（祥异）　卷 10　页 8

编著者

版本年代　康熙　　　　　　收藏地点　北京图书馆

辑录者　贺文耀　　一校　陈蹼卿　　二校　英羽

128

14. 1663年6月26日湖北孝感地震

中国地震历史资料卡片　　0000336

时间：	清康熙二年癸卯五月二十一日	公元1663年6月26日
地点：	湖北孝感	
资料原文：	康熙二年癸卯五月二十一日地震，自东摧石有声。	

（接反面）

出处：书名（附篇名）　湖北德安府志　（定异）　卷 2　页 25

编著者

版本年代　康熙三十四年　　收藏地点　北京图书馆

辑录者　言临吉　　一校　贺文耀　　二校　王星南

131

15. 1663年7月19日河北东安（廊坊）地震

```
中国地震历史资料卡片                              冀        0731

时间：  清康熙二年                          1663年
地点：  东安
资料原文： 清康二年地震京师尤甚



                                              （接反面）
出处：书名（附篇名） 东安县志              卷 九  页 四
编著者  李光昭
版本年代 乾隆十四年            收藏地点  科图
辑录者  朱汇川        一校  张秀梅        二校
```

16. 1663年8月湖北安陆地震

```
中国地震历史资料卡片                                0000338

时间：  清康熙二年癸卯七月              公元1663年8月
地点：  湖北安陆
资料原文： 秋七月天鼓鸣，安陆地震。



                                              （接反面）
出处：书名（附篇名） 湖北安陆县志 （祥异）      卷 14  页 14
编著者
版本年代  道光            收藏地点  湖北省图书馆
辑录者  曲志章        一校  贺志毅        二校  刘峻芳
                                                    133
```

17. 1663年9月2日河北平乡地震

```
                                                    0729
中国地震历史资料卡片                              冀

时间：康熙二年八月                      1663年

地点：  平 乡

资料原文：康熙二年八月 地震

        注：平乡县志 民国三十一年 苏牲有此震




                                        （接反面）

出处：书名（附篇名）  平乡县志    灾祥附      卷 一   页二十七

编著者    苏牲

版本年代  光绪十二年              收藏地点  北图

辑录者    潘继平      一校 张秀梅        二校
```

18. 1664年3月27日河北宣化地震

```
                                                    0735
中国地震历史资料卡片                              冀

时间：清康熙三年                        1664年

地点：  宣化

资料原文：清康熙三年春三月地震

        注：龙关县志 民国二十二年 刘德宽

          怀安县志 民国    年 张镜渊 光绪本 荫禄




                                        （接反面）

出处：书名（附篇名）  宣化县志    灾祥志      卷 五   页二十

编著者    陈坦

版本年代  康熙五十年              收藏地点  石图

辑录者    安彦忠      一校 张秀梅        二校
```

19. 1664年3月28日河北怀来地震

中国地震历史资料卡片		冀 0737
时间： 清康熙三年春		1664年
地点： 怀来.		
资料原文：（清康熙）三年春三月二日地震有声		
注：保安州志　道光十五年　杨桂森		
		（接反面）
出处：书名（附篇名）　怀来县志　灾异		卷 二 页 十八
编著者　许隆远		
版本年代　康熙五十一年	收藏地点　科图	
辑录者　李壮	一校　张秀梅	二校

20. 1664年山西代州地震

中国地震历史资料卡片		901410 晋
时间： 清圣祖康熙三年		公元1664年
地点： 代州		
资料原文：		
康熙三年地震。		
		（接反面）
出处：书名（附篇名）　代州志	群异志	卷六（下）页225
编著者　方志清		
版本年代　乾隆五十年	收藏地点　山西省图书馆	
辑录者　刘国文	一校　陈伟	二校

21. 1664年河北西宁（阳原）地震

中国地震历史资料卡片 冀 0734

时间：	清康熙 三 年春	1664年
地点：	西宁县	
资料原文：	（清康熙）三年春地震有声	
	注：西宁县志 同治十二年 韩志超	

（接反面）

出处：	书名（附篇名） 西宁县志	卷 一 页 三十
编著者	张充国	
版本年代	康熙刊本	收藏地点 科图
辑录者	朱汇川 一校 张秀梅	二校

22. 1664年9月河南洛阳地震

中国地震历史资料卡片 豫 0966

时间：	清康熙三年八月	公元1664年9月
地点：	洛阳	
资料原文：	三年八月洛阳地震。	

备注：	胶卷本

出处：	编著者 贾汉复、邵荃	书名（附篇名）河南通志·祥异	卷 四 页 五十
版本年代 康熙九年增补本	收藏地点 上海图书馆	辑录者 吴曾德 肖湄燕 赵思德

23. 1664年山西长子、平顺地震

中国地震历史资料卡片

001411 晋

| 时间： | 清圣祖康熙三年 | 公元1664年 |

地点：长子、平顺

资料原文：

〔康熙三年春〕长治旱，长子、平顺地震。

（接反面）

出处：书名（附篇名）潞安府志　　　卷 11　页 44

编著者　姚学瑛

版本年代　乾隆35年　　　收藏地点　山西省图书馆

辑录者　李克　　　一校　刘云旺　　　二校

24. 1664年10月19日江苏昆山青浦（今属上海）地震

中国地震历史资料卡片

2506 苏

时间：康熙三年九月

地点：昆山、青浦

资料原文：

昆山、青浦地震有声。　（县志）

（接反面）

出处：书名（附篇名）江苏省通志稿（实异志）　　卷 3　页 130

编著者　缪荃孙

版本年代　民国三十四年　　收藏地点　南京图书馆

辑录者　朱书俊、李妈华　　一校　　　二校

25. 1664年11月9日江苏昆山地震

3109

37

中国地震历史资料卡片

时间：	清康熙三年九月二十二日午时
地点：	昆山
资料原文：	康熙三年七月二十九日海潮泛溢，人畜漂荡，九月二十二日午时，昆山地震，树木摇动。
备注：	
出处：编著者 沈世奕、缪彤等 庹腾云修	书名（附篇名）苏州新志《祥异二》 卷三 页 60
版本年代 康熙30年	收藏地点 南京金陵图馆 辑录者 唐锦铁

26. 1664年12月5日河北永平府（治卢龙）、滦县地震

0739

冀

中国地震历史资料卡片

时间：康熙三年十月	1664年
地点：永平府 滦县	
资料原文：（康熙三年）十月丙子地震戌时自乾去民	
注：滦县志 民国二十六年 袁荼	
永平府志 乾隆五年 游智开	
卢龙县志 民国二十年 董天华	
	（接反面）
出处：书名（附篇名） 滦志补 世编四	卷 页二十一
编著者 马如龙	
版本年代 康熙十八年	收藏地点 北大图
辑录者 潘继平 一校 张秀梅	二校

27. 1665年1月15日山西解州（现属运城市盐湖区）地震

中国地震历史资料卡片   001414

时间：	清圣祖康熙三年十二月 公元1665年
地点：	解州
资料原文：	〔康熙三年〕冬十二月地震二次。

（接反面）

出处：书名（附篇名）	解州志 突祥	卷 9	页 18
编著者	陈士性		
版本年代	康熙19年本	收藏地点	北京大学图书馆
辑录者	齐书勤 一校 康洪武	二校	

28. 1665年2月1日河北灵寿地震

中国地震历史资料卡片   0741
冀

时间：	康熙三年十二月 1665年
地点：	灵寿
资料原文：	康熙三年十二月十七日地震有声如雷
	注：灵寿县志 同治十二年 刘赓年

（接反面）

出处：书名（附篇名）	灵寿县志	卷 三	页 四
编著者	陆陇其		
版本年代	康熙二十五年	收藏地点 石图	
辑录者	张秀梅 一校	二校	

29. 1665年3月18日河北遵化玉田地震

0747

中国地震历史资料卡片　　　　　冀

时间：康熙四年·二月·	1665年

地点：遵化　玉田·

资料原文：康熙四年二月辛丑地震人多仆地（玉田谢志作初二日）

注：玉田县志　乾隆二十一年　光绪十年

（接反面）

出处：书名（附篇名）　遵化通志　事纪　　　　卷五十九页

编著者　何嵩泰

版本年代　光绪年本　　　　收藏地点　保图

辑录者　司镜涛　　　一校　张秀梅　　　二校

30. 1665年4月15日河北唐县地震

0750

中国地震历史资料卡片　　　　　冀

时间：康·熙四年巳春	1665年

地点：唐·县

资料原文：（康熙四年）巳春三月地震　冬十一月地震

（接反面）

出处：书名（附篇名）　唐县志　灾异　　　卷二　页三

编著者　王政

版本年代　康熙十一年　　　　收藏地点　北图

辑录者　刘继禄　　　一校　张秀梅　　　二校

31. 1665年4月16日京师地震

康熙四年三月戊子（初二）　1665年4月16日

京师（今北京市）

〔康熙四年三月〕戊子午刻，京师地震有声。

《清圣祖实录》卷一四　页一七

（清）王先谦《十一朝东华录》　康熙卷五　页三　光绪刊本

〔康熙四年三月〕辛卯，以星变地震，下诏曰：……去岁之冬，星变示警，迄今复见，三月初二日，又有地震之异，意者所行政事，未尽合宜，吏治不清，民生弗遂，以及刑狱繁多，人有冤抑，致上干天和，异征屡告。

《清圣祖实录》卷一四　页一七

〔康熙四年〕八月初五奉旨，钦天监事务精微紧要，既称于三月初二日地震之间，简仪微陷闪裂，彼时何不即行具呈，经杨光先看见说出，始于六月十八日具呈请修。

（清）杨光先《不得已》下册　页一　民国十八年国立图书馆影印本

〔一六六五年四月十六日〕这日早晨十一时……北京便起了一阵地动，摇撼宫殿与全城之建筑，由地内隆隆发出雷鸣之声。城内房屋之倒塌者不计其数，甚至城墙亦有百处之塌陷，连汤若望牢狱之墙壁亦皆倒塌。城内多处地面裂成隙口。东堂房顶之十字亦被震落于地。同时陡起劲风一阵，吹扫城市。地上吹起之灰尘，遮天蔽日，使北京顿成黑暗世界。……这一次地动之后，同日还又继续发生三次，在以下的三日中，每日皆发生一次。

魏　特著　杨丙辰译《汤若望传》第2册　页504　1949年刊本

直隶东安（今河北安次东南旧安次）、昌平州（今北京市昌平）、顺义（今北京市顺义）

〔康熙四年三月二日〕东安、昌平、顺义地震连二次。头次有声如雷，房歪墙倒，洼地水出，二次微震。（原注：采访册）

（清）周家楣　张之洞《顺天府志》卷六九　光绪十二年刊本

32. 1665年4月17日京师地震

康熙四年三月初三　1665年4月17日

京师（今北京市）

〈〔一六六五年四月十六日〕这日早晨十一时……北京便起了一阵地动。……这一次地动之后同日还又继续发生三次。〉在以下的三日中，每日皆发生一次。

魏　特著　杨丙辰译《汤若望传》第2册　页504　1949年刊本

直隶通州（今北京市通县）

康熙四年三月初三日巳时地震，自西北至东南，连动数十余次，通城雉堞、东西水关俱圮，民房圮三分之一，正北离城二里地裂，阔五寸，长百余步，黑水涌出，自未至申，漷邑同日地震，城崩屋坏。

（清）吴存礼　陆茂腾《通州志》卷一一　康熙三十六年刊本

33. 1665年4月18日京师地震

康熙四年三月初四 　1665年4月18日
　　京师（今北京市）
　　〈〔一六六五年四月十六日〕这日早晨十一时北京便起了一阵地动。……这一次地动之后同日还又继续发生三次。〉在以下的三日中，每日皆发生一次。
　　　　　魏　特著　杨丙辰译《汤若望传》第2册　页504　1949年刊本

34. 1665年4月18日河北景州地震

0749

中国地震历史资料卡片　　　　　　　　　　　　　　　　　冀

时间：康熙四年三月	1665年

地点：景　州

资料原文：康熙四年三月初四日地震

　　　注：景州志　乾隆十年刊本
　　　　　景县志　民国二十一年
　　　　　内邱县志　道光十二年刊本

（接反面）

出处：书名（附篇名）　景州志　灾变　　　　　卷　四　　页六十一

编著者　张一魁

版本年代　康熙十一年　　　　　　　收藏地点　北大图

辑录者　安彦忠　　　　一校　张秀梅　　　　二校

35. 1665年4月19日京师地震

康熙四年三月初五 　1665年4月19日
　　京师（今北京市）
　　〈〔一六六五年四月十六日〕这日早晨十一时……北京便起了一阵地动。〉……在以下的三日中，每日皆发生一次。
　　　　　魏　特著　杨丙辰译《汤若望传》第2册　页504　1949年刊本

36. 1665年4月河南陕州（三门峡）地震

中国地震历史资料卡片　　　　　　　　　　　　　　0967　豫

时间：	清康熙四年三月	公元1665年4月
地点：	陕卅	
资料原文：	四年三月陕卅地震。	
备注：		

| 出处：编著者 | 张沐 | 书名（附篇名） 河南通志．祥果 卷四 页卅 |
| 版本年代 | 康熙三十四年 | 收藏地点 上海馆图书 辑录者 赵宝俭 樊美于 |

37. 1665年8月17日河北大城地震

中国地震历史资料卡片　　　　　　　　　　　　　0753　　冀

时间：	康熙四年七月初七日	1665年
地点：	大城县	
资料原文：	康熙四年七月初七日地震霪雨五昼夜城垣倒坏十之六七县境民房坍塌不下数万间大饥	
		（接反面）

出处：书名（附篇名）	大城县志 灾异	卷 八 页 七
编著者	马恂	
版本年代	康熙十二年	收藏地点 石图
辑录者	司镜涛	一校 张秀梅 二校

38. 1665年9月15日河北临漳地震

0754

中国地震历史资料卡片　　　　　　　　　　　冀

时间：康熙四年八月	1665年
地点：临漳	
资料原文：康熙四年八月初七酉时地动	

（接反面）

出处：书名（附篇名）　临漳县志　纪事	卷一　页十三
编著者　周秉彝	
版本年代　光绪年本	收藏地点　科图
辑录者　李壮	一校　　　　　二校

39. 1665年10月9日山西太原地震

康熙四年九月初一　　1665年10月9日
山西太原府（治阳曲，今太原市）
〔康熙四年九月甲申朔〕，山西太原府地震。
《清圣祖实录》卷一六　页一六

40. 1665年安徽怀远地震

中国地震历史资料卡片 0000418 安徽

时间:	清康熙四年	公元 1665.
地点:	怀远	
资料原文:		

康熙四年，星变地震。

（接反面）

出处: 书名（附篇名）	怀远县志。实异	卷 8 页 8
编著者		
版本年代 雍正二年	收藏地点 料园	
辑录者 吴伯毅	一校 庄健生	二校

41. 1665年春河北南皮地震

中国地震历史资料卡片 0760 冀

时间: 康熙四年春	1665年
地点: 南皮	
资料原文: 清圣祖康熙四年春地震	

（接反面）

出处: 书名（附篇名） 南皮县志	祥异	卷十四 页五
编著者 王德乾		
版本年代 民国二十一年铅印本	收藏地点 冀地研	
辑录者 司镜涛	一校 张秀梅	二校

42. 1665年河南鹿邑地震

中国地震历史资料卡片　　　　　　　0837　新豫

时间：	清圣祖康熙四年六月丙戌　　公元1665年
地点：	鹿邑
资料原文：	[康熙四年]六月丙戌 地震有声如雷，自西而东，金铁皆鸣。
备注：	按此月无丙戌。

出处：编著者 于沧澜　　书名（附篇名）鹿邑县志·杂记　　卷十六页六

版本年代 光绪二十二年　　收藏地点 河南省图书馆　　辑录者 陈旭

43. 1665年河北青县地震

　　　　　　　　0763
中国地震历史资料卡片　　　　　冀

时间：	康熙 四年　　　　　1665年
地点：	青县
资料原文：	清康熙 四年地震
	注：青县志　嘉庆八年
	青县志　康熙十二年本

（接反面）

出处：书名（附篇名）青县志　灾异　　　　卷 六　页六十三

编著者　沈联芳

版本年代　嘉庆八年　　　　　收藏地点　石图

辑录者　安彦忠　　　一校　张秀梅　　　二校

44. 1665年山西赵城地震

中国地震历史资料卡片　001416 晋

| 时间： | 清圣祖康熙四年 | 公元1665年 |
| 地点： | 赵城 | |

资料原文：

〔赵城〕国朝康熙四年地震，知县徐容重修，后为山水冲塌。

备注：

出处：编著者　王轩　　书名（附篇名）山西通志·府州厅县攷　卷27 页59
版本年代　光绪十八年　收藏地点　山西省图书馆　辑录者　周述中

45. 1666年1月23日江苏常熟地震

中国地震历史资料卡片　3411 苏
6

| 时间： | 康熙五年十二月 |
| 地点： | （常熟） |

资料原文：康熙五年十二月地震

（接反面）

出处：书名（附篇名）常熟县志　　（祥异附）　卷 1 页 10
编著者　清 钱陆灿　杨振藻修
版本年代　清康熙二十六年刻本　收藏地点　苏大图书馆
辑录者　程步华　　一校　　二校

96

46. 1666年3月江苏吴江地震

3326

苏

中国地震历史资料卡片

| 时间： | 清康熙五年二月朔日 初八日 |
| 地点： | （吴江） |

23.

资料原文：

〔康熙〕五年二月朔日地震 初八日，地复大震，白昼毛。

（接反面）

出处：书名（附篇名）	吴江县志（祥异）		卷 15 页 22
编著者	屈彭声 郭琇修		
版本年代	康熙二十四年木刻本	收藏地点	南京图书馆
辑录者	王海峰 李裕华 一校		二校

47. 1666年4月4日河北龙门（现属赤城）地震

0767

冀

中国地震历史资料卡片

| 时间： | 康熙五年三月 | 1666年 |
| 地点： | 龙门县 | |

资料原文：（清康熙丙午）五年三月地震

　　　　注：赤城县志　乾隆十三年

　　　　　　怀安县志　光绪年本荫禄　民国年本　张镜渊

　　　　　　龙关县志　民国二十三年铅印本

（接反面）

出处：书名（附篇名）	龙门县志		卷 二 页十四
编著者	章烨		
版本年代	康熙刊本	收藏地点	科图
辑录者	朱汇川	一校 张秀梅	二校

48. 1666年4月11日河北交河（现为沧州市泊头区）地震

中国地震历史资料卡片
冀
0765

时间：	康熙五年三月初八日	1666年
地点：	交河县	
资料原文：	（清康熙）五年三月初八日地震	

（接反面）

出处：书名（附篇名）	交河县志	卷 七 页 四
编著者	墙鼎	
版本年代	康熙十二年	收藏地点 科图
辑录者	朱汇川	一校 张秀梅 二校

49. 1666年4月27日河北永平府（治卢龙）、滦县地震

中国地震历史资料卡片
冀
0766

时间：	康熙五年三月甲辰巳刻十月癸丑十二月辛未	1666年
地点：	永平府 滦县	
资料原文：	（清康熙）五年三月甲辰巳刻地震自艮趋乾 冬十月癸丑地震自乾趋艮	
	十二月辛未地震	
	注：滦县志民国二十六年	
	卢龙县志民国二十年	

（接反面）

出处：书名（附篇名）	永平府志 纪事下	卷 三十一 页 二
编著者	游智开	
版本年代	光绪五年	收藏地点 科图
辑录者	李壮	一校 张秀梅 二校

50. 1666年5月21日山西榆次地震

中国地震历史资料卡片

001417

| 时间： | 清圣祖康熙五年四月十八日申时 公元1666年 |
| 地点： | 榆次 |

资料原文：

康熙五年四月十八日申时地震。

（接反面）

出处：书名（附篇名）	榆次县志	祥祥 卷 12 页 2
编著者	刘星	
版本年代	康熙23年版	收藏地点 天津人民图书馆
辑录者	齐书勤	一校 刘云旺 二校

51. 1666年6月23日湖北应城地震

中国地震历史资料卡片

0000339

| 时间： | 清康熙五年 五月廿一日 公元1666年6月23日 |
| 地点： | 湖北应城 |

资料原文：康熙五年夏五月二十一日 地震。

（接反面）

出处：书名（附篇名）	应城县志	（五行志） 卷 6 页
编著者		
版本年代	咸丰元年刻本（1851年）	收藏地点 武大图书馆
辑录者	马志昌	一校 顾之琳 二校 王晷南

136

52. 1666年10月30日山西阳曲地辰

中国地震历史资料卡片　　　001418　晋

聖祖

| 时间: | 清康熙五年十月初三 | 公元:1666年 |

地点:　阳曲

资料原文:　冬十月地震(初三日也),大创。

[康熙五年]

　　　道光23年本《阳曲县志》;

　　　民国21年本《阳曲县志》亦载;

（接反面）

出处:	书名（附篇名）阳曲县志		卷 1 页 19
编著者	戴梦熊		
版本年代	康熙21年版	收藏地点 山西省图书馆	
辑录者	贾宝卿	一校 刘国文	二校

53. 1666年11月河南孟县地震

中国地震历史资料卡片　　　0968　豫

| 时间: | 清康熙五年十月 | 公元1666年11月 |

地点:　孟县

资料原文:　十月地震。

备注:

出处:	编著者 仇汝瑚等修	书名（附篇名）孟县志·祥异	卷乙 页三十三
	版本年代 清康熙十四年	收藏地点 北京图书馆	辑录者 浦光
			荆三林

54. 1666年12月26日江苏苏州地震

中国地震历史资料卡片　　　　　　　　　　　　　　2507

时间:	康熙五年十二月朔
地点:	苏州
资料原文:	

苏州地震，越八日又震　（府志）

（接反面）

出处: 书名（附篇名）江苏省通志稿（实异志）　　卷 3 页 131

编著者 缪荃孙

版本年代 民国三十四年　　　　收藏地点 南京图书馆

辑录者 朱书信、李灼华　　一校　　　　二校

55. 1666年安徽舒城地震

中国地震历史资料卡片　　　　　0000420　安徽

时间:	清康熙五年　　公元1666.
地点:	舒城
资料原文:	

康熙五年，舒城地震黑雾。

（接反面）

出处: 书名（附篇名）庐州府志·祥异　　卷 3 页 18

编著者

版本年代 康熙卅六年　　　　收藏地点 安徽省图书馆

辑录者 马昌华　　一校 吴文青　　二校

56. 1667年1月1日浙江嘉善地震

中国地震历史资料卡片　000895

时间：	康熙五年十二月初七日夜　　公元1667年1月1日
地点：	加善
资料原文：	康熙五年十二月初七日夜地震，大雨雪，冰厚盈尺，舟楫不通（補纂參武塘野史）。

（接反面）

出处：书名（附篇名）	光绪嘉善县志	三十四卷 十 页
编著者	清江峯青修顾福順纂	
版本年代	光绪二十年刊本	收藏地点 浙图
辑录者	吴福昌	一校　　　　二校

57. 1667年1月2日上海崇明地震

中国地震历史资料卡片　3273　苏

时间：	康熙五年十二月初一日
地点：	崇明县
资料原文：	康熙五年十二月初一日地震。
备注：	

出处：编著者	王昶等纂修	书名（附篇名）太仓直隶州志（杂缀·祥祲）58页23
版本年代 嘉庆七年刻本	收藏地点 江苏省地震研究所	辑录者 郑江亭

58. 1667年1月9日江苏苏州地震

3111

苏

386

中国地震历史资料卡片

时间：	清康熙五年十二月八日
地点：	（苏州）
资料原文：	〔康熙五年十二月〕七日地震，八日地又震。
备注：	
出处：编著者 沈世弈、缪彤篆 卢腾云修	书名（附篇名）苏州府志（祥异二） 卷2 页60
版本年代 康熙30年	收藏地点 南京地质库 辑录者 唐锦铁

59. 1667年2月8日河北永平府、滦县地震

0789

冀

中国地震历史资料卡片

时间：清康熙六年	1667年
地点：永平府 滦州	
资料原文：（清康熙）六年春正月辛卯地震	
注：永平府志 光绪五年	
卢龙县志 民国二十年	
	（接反面）

出处：书名（附篇名） 滦州志 祥异		卷一 页四十七
编著者 吴士鸿		
版本年代 嘉庆十五年	收藏地点 科图	
辑录者 李壮	一校 张秀梅	二校

60. 1667年2月20日河南济源地震

中国地震历史资料卡片　　0969　豫

时间：〈清〉康熙六年正月二十八日	公元1667年2月20日
地点：济源	
资料原文：康熙六年正月二十八日地震。	

备注：

出处：编著者 萧葵元植	书名（附篇名）济源县志	卷一 页廿
版本年代 乾隆二十六年	收藏地点 郑州大学	辑录者 肖湄燕 校

61. 1667年3月25日河北雄县地震

0772

中国地震历史资料卡片　　冀

时间：康熙六年丁未三月	1667年
地点：雄县	
资料原文：康熙六年丁未三月初二日地震	
雄县志　民国十九年铅印本	

（接反面）

出处：书名（附篇名）雄县志　祥异		卷	页九十三
编著者　姚文燮			
版本年代　康熙十年	收藏地点　北图		
辑录者　潘继平	一校　张秀梅	二校	

62. 1667年7月安徽六安地震

```
                                         0000421
中国地震历史资料卡片                        安徽

时间: 清康熙六年六月          公元 1667.7.
地点: 六安州
资料原文:
      康熙六年丁未夏六月, 地震。

                                    (接反面)
出处: 书名(附篇名) 六安州志(抄本) 祥异    卷 10 页
编著者
版本年代 康熙十九年          收藏地点 北京图书馆
辑录者 胡嘉    一校 马之朴    二校
```

63. 1667年7月21日江苏江浦地震

```
                                         苏
中国地震历史资料卡片                      2508

时间: 康熙 六年
地点: 江浦
资料原文:
      江浦地震 (县志)

                                    (接反面)
出处: 书名(附篇名) 江苏省通志稿 (灾异志)    卷 3 页 131
编著者 缪荃孙
版本年代 民国三十四年       收藏地点 南京图书馆
辑录者 朱书俊 李灼华   一校        二校
```

64. 1667年7月安徽霍丘地震

中国地震历史资料卡片

0000422

安徽

时间：清　康熙六年六月　　　公元 1667.7.

地点：霍邱

资料原文：

康熙六年六月地震，有声如雷。
霍邱县

（接反面）

出处：书名（附篇名）颍州府志·祥异　　卷 10 页 17

编著者

版本年代 乾隆七年　　　收藏地点 安徽省博物馆

辑录者 李秉敏　　一校 冯吕华　　二校

65. 1667年7月河南祥符地震

中国地震历史资料卡片

0841 豫

时间：清圣祖康熙六年六月　公元1667年7月

地点：祥符

资料原文：[康熙六年]六月祥符地震。

备注：祥符即今开封县。

出处：编著者 张沐　　书名（附篇名）河南通志·祥异　卷四 页卅

版本年代 康熙三十四年　收藏地点 上海图书馆　辑录者 赵宝俊
樊美子

66. 1667年7月湖北英山地震

中国地震历史资料卡片　　　　　　　0000340

时间：	清康熙六年夏六月	公元1667年7月
地点：	湖北英山	
资料原文：	康熙六年夏六月地震。	

（接反面）

出处：	书名（附篇名）	英山县志	（祥异）	卷 1	页 3
编著者					
版本年代	康熙二十三年		收藏地点	北京图书馆	
辑录者	李英武	一校 贺之纲		二校 赵玟卿	

135

67. 1667年7月河南开州地震

中国地震历史资料卡片　　　　　　　0840

时间：	清圣祖康熙五年六月	公元1666年7月
地点：	开州	
资料原文：	康熙五年六月地震。	

备注：开州郡今濮阳。

出处：	编著者 孙兆麟	书名（附篇名）开州志·城池	卷二 页二
版本年代	光绪八年刻本	收藏地点 河南省图书馆	辑录者 漫集梧
			刘永之

68. 1667年8月11日浙江宁海地震

000957

中国地震历史资料卡片

时间：	〈清〉康熙六年夏六月二十七日	公元1667年8月11日
地点：	宁海	
资料原文	〈清〉康熙六年夏六月二十七日宁海地震（宁海志）	

（接反面）

出处：书名（附篇名）	光绪台州府志	三十卷 十九页
编著者	王舟瑶	
版本年代	民国十五年铅印本	收藏地点 浙图
辑录者	陶永炎	一校　　　　二校

69. 1667年10月17日—11月15日河北顺德府（治邢台）地震

冀 0779

中国地震历史资料卡片

时间：	康熙六年九月	1667年
地点：	顺德府	
资料原文	康熙六年九月地震有声如车行	
	七年秋大水地震有声	
	十八年七月地震九月大水十月复震	

（接反面）

出处：书名（附篇名）	顺德府志 祥异	卷十六 页 十六
编著者	徐景曾	
版本年代	乾隆十五年	收藏地点 保图
辑录者	司镜涛	一校 张秀梅　　二校

70. 1667年11月7日河北鸡泽地震

中国地震历史资料卡片　　　　　　　　　　　　　　冀　0776

时间：	1667年
地点：	鸡泽
资料原文：	（清康熙）六年九月二十二日地震

（接反面）

出处 书名（附篇名） 鸡泽县志	卷 十八 页 七
编著者 王锦林	
版本年代 乾隆三十一年　　收藏地点 科图	
辑录者 朱汇川　　一校 张秀梅　　二校	

71. 1667年11月8日河北广平府（治永年）地震

中国地震历史资料卡片　　　　　　　　　　　　　　冀　0780

时间： 康熙六年九月	1667年
地点： 广平府	
资料原文： 康熙六年九月地震	

（接反面）

出处 书名（附篇名） 广平府志 祥异	卷 二十三页二十七
编著者 吴毅	
版本年代 乾隆十年　　收藏地点 北图	
辑录者 安彦忠　　一校 张秀梅　　二校	

72. 1667年11月30日河北内丘地震

中国地震历史资料卡片　　　　　　　　　　　冀　　0778

时间：	康熙六年九月二十五日戌时	１６６７年
地点：	内邱县	
资料原文：	康熙六年九月二十五日戌时地震有声如车行	

（接反面）

出处：书名（附篇名）	内丘县志	卷　　页
编著者	施彦士	
版本年代	道光十二年	收藏地点　科图
辑录者	一校　张秀梅	二校

73. 1667年11月23日河北承德地震

康熙六年十月己卯（初八）　　1667年11月23日
奉天府承德（治承德，今辽宁沈阳市）
〔康熙六年十月〕己卯，奉天府承德县地震有声。
《清圣祖实录》卷二四　页一〇

74. 1668年2月8日湖北大冶地震

中国地震历史资料卡片

0000341

时间：	清康熙七年正月二十三日夜	42.1668年2月8日
地点：	湖北大冶	
资料原文：	正月二十三日夜，大冶地震。	

（接反面）

出处：书名（附篇名）　湖广通志　（祥异）　卷 3 页 60

编著者

版本年代　康熙　　　收藏地点　湖北省图书馆

辑录者　黄祥林　一校　陆彦中　二校　林静虎

136

75. 1668年2月28日河北永平府、滦县地震

中国地震历史资料卡片

0784

冀

时间：	康熙七年正月	1668年
地点：	永平府　卢龙	
资料原文：	康熙七年正月丙辰申刻地震	
	注：滦州志　嘉庆十五年	
	永平府志　光绪五年	
	卢龙县志　民国二十年	
	滦县志　民国二十六年	

（接反面）

出处：书名（附篇名）　滦志补　世编四　卷　页 二十二

编著者　马如龙

版本年代　康熙十八年刊本　　　收藏地点　北大图

辑录者　潘继平　一校　黄秀云　二校

76. 1668年3月河南固始地震

中国地震历史资料卡片　　　　　　　　　0970　豫

时间:	清康熙七年春二月	公元1668年3月
地点:	固始	
资料原文:	七年戊申春二月地震。	

备注:

出处:	编著者	杨汝楫	书名(附篇名)	固始县志·灾祥	卷十一 页十一
版本年代	康熙三十二年刊本		收芷地点	北京图书馆	辑录者 浦 克
					荆三林

77. 1668年5月17日河北雄县地震

中国地震历史资料卡片　　　　　　　　0785　冀

时间:		1668年
地点:	雄县	
资料原文:	康熙七年戊申四月初七日地震	

(接反面)

出处:	书名(附篇名)	雄县新志	八册		卷	页
	编著者	刘崇本				
	版本年代	民国十九年		收藏地点	科图	
	辑录者	朱汇川	一校	黄秀云	二校	

78. 1668年6月9日河南商城地震

中国地震历史资料卡片　　　　　　　　　　　　0971　豫

时间	清圣祖康熙七年五月初一日　公元1668年6月9日
地点	商城
资料原文	康熙七年戊申五月朔日，地大震。十七日，大水，淹荒乡人，田亩淹没，多为沙石不耕，洗庐舍村庄多处，山中起蛟石，崩为穴，不可胜数，城内水入，人户张灯以防，不睡者数旬。
备注	

出处：编著者　许全堂纂修　　书名（附篇名）（康熙）商城县志、灾祥　卷八　页七八

版本年代　康熙二九年刊本（实为乾隆以后版）　　收藏地点　开封师范学院　　辑录者　智天成

79. 1668年6月9日—7月8日河南罗山地震

康熙七年五月　　1668年6月9日—7月8日

河南罗山

〔康熙〕七年夏大水，……五月地大震。

（清）葛荃　李之柱《罗山县志》卷八　乾隆十一年刊本

按："五月"疑为六月之误。

80. 1668年6月13日京师地震

康熙七年五月壬寅（初五）　　1668年6月13日

京师（今北京市）

〔康熙七年五月〕壬寅，京师地震。

（清）蒋良骐《东华录》卷八　页五　清刊本

81. 1668年6月24日京师地震

康熙七年五月癸丑（十六日）　　　1668年6月24日

京师（今北京市）

……据天文科该班博士陈弼兴等禀称：本年五月十六日癸丑夜三更时地震，自东北向西南等情。……

钦天监监正玛瑚等满文题本　康熙七年五月十七日

〔康熙七年〕五月癸丑子时，京师地震。

〔清圣祖实录〕卷二六　页四

按：《东华录》载："〔康熙七年〕五月癸丑子时，京师地震。初七、初九、初十、三日未末时皆震"。《清史稿·灾异志》作："五月癸丑子时，京师地震。初七、初九、初十、十三日又震。"

82. 1668年6月25日河南郑州地震

中国地震历史资料卡片　　　　　　　　　　　　0972　豫

时间：	清康熙七年五月十七日	公元1668年6月25日
地点：	郑州	
资料原文：	[清康熙七年五月]十七日黄昏地震，井水动荡，物器摇撼。	
备注：		

出处：编著者	何锡爵	书名（附篇名）郑州志·祥異	卷一页六
版本年代 康熙三十二年		收芷地点 科学院图书馆	辑录者 宋振邘 荆三林

83. 1668年7月15日山西潞城地震

中国地震历史资料卡片　　　　　　　　001421　晋

时间：	清圣祖康熙七年六月初七日	公元1668年7月15日
地点：	潞城	
资料原文：	康熙七年六月初七日戌时地震。	

（接反面）

出处：	书名（附篇名）	潞城县志	祥异	卷 8	页 36
编著者	张士浩				
版本年代	康熙45年		收藏地点	山西省图书馆	
辑录者	吉姗姗	一校	齐书勤	二校	

84. 1668年7月16日河北广宗地震

中国地震历史资料卡片　　　　　　　　冀　0789

时间：	康熙七年六月	1668年
地点：	广宗	
资料原文：	康熙七年六月初八日地震	
	注： 广宗县志　同治十三年　民国二十三年	

（接反面）

出处：	书名（附篇名）	广宗县志		卷 十一	页 七十一
编著者	李师舒				
版本年代	嘉庆七年		收藏地点	北图	
辑录者	陈连柱	一校	黄秀云	二校	

85. 1668年7月18日河南获嘉地震

中国地震历史资料卡片 1013 豫

时间: 清康熙七年六月初十日 　公元 1668年7月18日
地点: 获嘉县
资料原文: 康熙七年六月初十日地震，居民惊恐。

备注:

出处: 编著者 冯大奇 　书名（附篇名）获嘉县志·今昔述异 卷十 页八
版本年代 清康熙二十六年 　收藏地点 北京图书馆 　辑录者 浦光 荆三林.

86. 1668年7月19日河北献县地震

康熙七年六月戊寅（十一日）　　1668年7月19日
直隶献县（今河北献县）
康熙七年六月十一日地震。
（清）刘征廉　郑大纲《献县志》卷八　康熙十二年刊本

87. 1668年7月19日河南泌阳地震

中国地震历史资料卡片　　　　　　　　　　1031　豫

时间：	清康熙七年戊申六月戊寅 　　公元1668年7月19日
地点：	泌阳县
资料原文：	康熙七年戊申六月戊寅夜，地动二次。
备注：	

出处：编著者 吕之起　　书名（附篇名）泌阳县志·灾祥　卷 一 页 九
版本年代 康熙十三年重修　　收藏地点 北京图书馆　　辑录者 胎炎 荆三林

88. 1668年7月20日河北景州地震

中国地震历史资料卡片　　　　　　　0790　冀

时间：	康 熙 七 年 六月	1668年
地点：	景州	
资料原文：	康熙七年六月十二日地震	
	注：景州志　乾隆十年	
	景县志　民国二十一年	
		（接反面）

出处：书名（附篇名）景州志　　　　卷 四 页六十一
编著者 张一魁
版本年代 康熙十一年　　　　收藏地点 北大图
辑录者 安彦忠　　一校 黄秀云　　二校

89. 1668年7月24日安徽芜湖地震

康熙七年六月十六日　　1668年7月24日

安徽芜湖（今芜湖市）

戊申六月十有六，老夫篝灯初就宿；

梦里掀翻起披衣，轰声飙飒撼茅屋；

非雷非霆动不已，鳌极奋鳞鹏展翮；

……　……

地震而数椽无恙，幸不为西周之南宫极焉。披卷看山，纪异志怀，以自娱云。七十三翁萧云从

（清）萧云从《山水长卷》题跋　康熙戊申刊本

按：戊申即康熙七年。萧云从字尺木，明末清初芜湖人。著名画家。

90. 1668年7月24日河南武陟地震

中国地震历史资料卡片　　　　　　　　　　1024　豫

时间：清康熙七年六月十六日亥时　　　公元1668年7月24日亥时

地点：武陟县

资料原文：七年六月十六日亥时，地震。

备注：

出处：编著者　杜之羹　　书名（附篇名）武陟县志·星野·灾祥　卷一　页十六

版本年代　清康熙三十年　　收藏地点　南京大学图书馆　　辑录者　吴曾德

樊益千

赵望俭初校

　　将上述 106 次地震，按地方志名称所在位置在地图上标注出来（同一地多次记述的地震只标注 1 次），其图示结果如下：

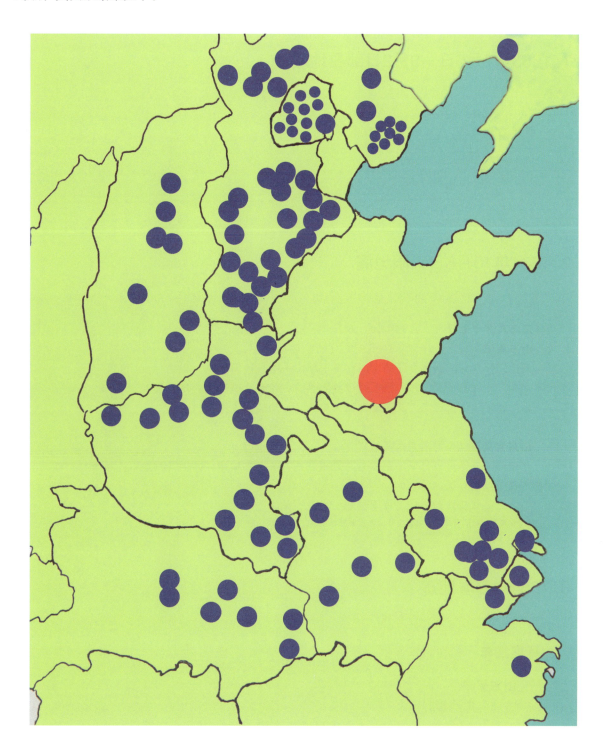

上图尚未包括这一期间山东境内的地震活动。从本文第三部分所列山东境内震前48年地震资料得知，在郯城震前6年的这一时间段里，山东境内共有9次地震的记载：

1. 1663年7月5日—8月2日邹县地震

康熙二年六月 1663年7月5日—8月2日

山东邹县

康熙二年六月地震。

王宣《邹县新志》上册 页237 1962年刊本

2. 1664年10月6日莱阳地震

康熙三年八月十七日 1664年10月6日

山东莱阳

康熙三年八月，西南乡蚜蚄生，食草殆尽，十七日地震。

（清）万维邦 张重润《莱阳县志》卷九 康熙十七年刊本

按：乾隆《登州府志》及《清史稿·灾异志》均载此次地震。

山东大嵩卫（今海阳东南凤城）

〔康熙〕三年夏五月旱，至秋七月乃雨。八月十七日地震。冬十月彗星见，至腊月初八日如（始）灭。

（清）包 桂《海阳县志》卷三 乾隆七年刊本

注：大嵩卫，雍正十二年以大嵩卫及海洋所改置海阳县。

3. 1664年郯城地震

康熙三年 1664年

山东郯城

康熙三年地震有声。

（清）张三俊 冯可参《郯城县志》卷九 康熙十二年刊本

4. 1665年3月20日平阴地震

康熙四年二月初四 　　1665年3月20日
　　山东平阴
　〔康熙〕四年二月初四日夜地震，大风。
　　　　（清）喻春霖　朱续孜《平阴县志》卷四　嘉庆十三年刊本
　按：《清史稿·灾异志》记："四年二月初四日，平阴地震"。

5. 1665年3月无棣地震

康熙四年二月初五 　　1665年3月21日
　　山东海丰（今无棣）
　〔康熙〕四年春夏旱，二月五日丑地震。
　　　　（清）胡公著　张克家《海丰县志》卷四　康熙九年刊本
　按：康熙《济南府志》有海丰此次地震记载。民国《无棣县志》作："四年春二月
　　　地震，三月复震"。

6. 1665年文登地震

康熙四年 　　1655年
　　山东文登
　康熙四年地震。
　　　　（清）王一夔　赛　珠《文登县志》卷一　雍正三年刊本
　按：光绪《登州府志》作："〔康熙四年春〕文登地震"。

　　山东成山卫（今荣成东北旧荣成）
　〔康熙〕四年地震，大旱。
　　　　（清）李天骘　岳赓廷《荣成县志》卷一　道光二十年刊本
　注：成山卫，雍正十二年改置荣成县。

7. 1665年4月16日济阳、阳信地震

康熙四年三月戊子（初二）　　1665年4月16日

山东济阳

〔康熙〕四年三月二日地震。春夏大旱风霾蔽日。（原注：据通志增）

　　　　卢永祥　王嗣鋆《济阳县志》卷二〇　民国二十三年刊本

按：原注"据通志增"。康熙、雍正、乾隆、民国《山东通志》均无此次地震记载。乾隆《济阳县志》亦无此记载。

山东阳信

康熙四年三月二日巳时地震。

　　　　（清）周虔森　张　璇《阳信县志》卷三　康熙二十一年刊本

按：康熙三十一年刊《济南府志》记："〔康熙〕四年三月二日巳时阳信、海丰地震"。

山东海丰（今无棣）

〔康熙〕四年三月二日巳〔时〕地震。

　　　　（清）胡公著　张克家《海丰县志》卷四　康熙九年刊本

8. 1666年9月昌乐地震

康熙五年八月　　1666年8月30日—9月27日

山东昌乐

〔康熙〕丙午五年春旱无麦。秋八月地震。

　　　　（清）魏礼焯　闫学夏《昌乐县志》卷二　嘉庆十四年刊本

按：咸丰《青州府志》亦有此记载。

9. 1667年6月成武地震

康熙六年五月初八　　1667年6月28日

山东城武（今成武）

康熙六年五月初八日午时地震。

　　　　（清）刘佐临　刘尔楫《城武县志》卷三　康熙九年刊本

　　将上述9次地震连同周边各省98次地震，一并按照地方志所在位置在地图上逐一标注出来，其图示总体结果如下：

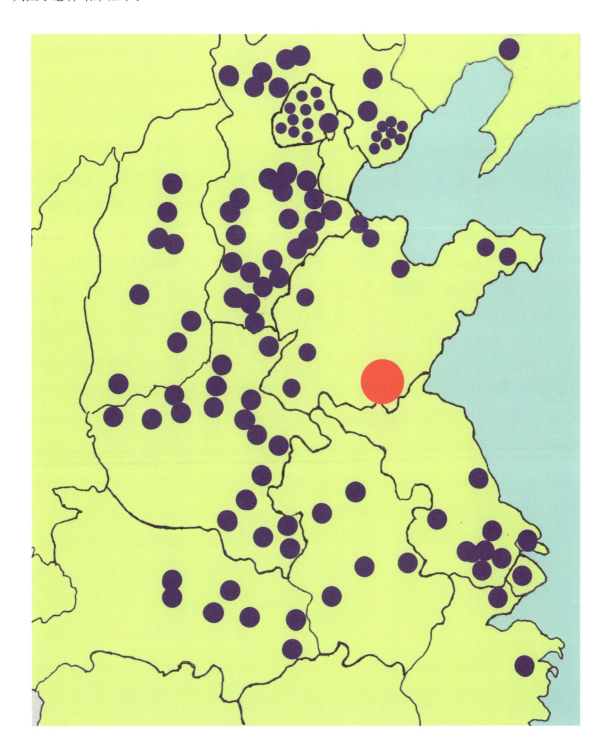

　　无论从山东境内地震活动时空分布观察，还是从华北、华东整个区域地震活动总体情况考证，郯城地震发生前，在山东东南部至江苏中北部之间，地震空区的特征是较为明显的。

结 束 语

整理完郯城地震历史资料，有三点意见需讲明：

一是志书作为记载大事、要事的一种文字载体，其历史源远流长，它是后人了解历史的重要途径。随着历史的发展和社会文明程度的逐步提高，地方志作为记述当地历史事件的一种文化，在明清时期已经相当繁荣和成熟，不仅有省志（通志）、府志、州志、县志，而且还有了镇志。特别是康乾盛世年间，地方志是有灾必录、有闻必记的。对于这些地方志记载的地震事件，其真实性毋庸质疑，但其准确性（即地震发生的具体时刻、震中、震级）有待专家去考证研究。文中绘制的示意图，只能按地方志的名称及位置进行标注。

二是档案工作的基本要求是服务实际工作，进行郯城地震历史资料的归纳和梳理，是地震行业专项"中国历史地震档案考证研究和利用"的立项要求。本书名虽称《郯城地震历史资料研究》，实则是一本有关郯城地震的历史资料汇集，旨在为有关专家研究该次地震提供方便。

三是本书的一些基本要点，曾在地震系统的有关会议或场合作过汇报，并得到有关专家的指点和帮助，在此一并表示感谢。

作者

2018 年 1 月